U0266856

绿手指日本盆景大师系列

五针松盆景

造型实例图解

[日]近代出版株式会社 编　武桂名 译

长江出版传媒 湖北科学技术出版社

五针松盆景

造型实例图解

目录

经典实例追踪篇

剪定与整姿篇

移栽篇

养护管理与繁殖篇

改造实例篇

小品盆景改造篇

八房篇

经典实例追踪篇

经典实例追踪 1

高大树干的阶段性切除和树形构思的变化

改造日 12月11日（第一次）5年后3月4日（第二次）

操作者 今井千春

神奈川县相模原市 千春园

如何改变恣意生长的枝干？

改造前。树高 83 cm，宽幅 140 cm。

此造型看似以 1 根斜干为主体，高大粗壮的树干斜向横穿过枝群延伸至树冠，但仔细观察，整体树形其实是由 2 根树干构成的双干树形。中间粗壮的主干没有任何分枝，径直延伸至树冠，右边繁茂的枝群从紧挨着主干右侧的支干上长出，背面的支干从主干左侧下方绕出。粗壮笔直、仅顶部有枝条的主干和枝繁叶茂的支干奇妙搭配，具备天然盆景的轮廓。

此造型中主干的位置无法改变，难以进行改造，操作者今井千春着眼于支干枝条中的三角形轮廓，拟舍弃主干，进行新的构思。

把树冠部改造成舍利干

①剪掉树冠部的枝群，仅保留底部枝干。

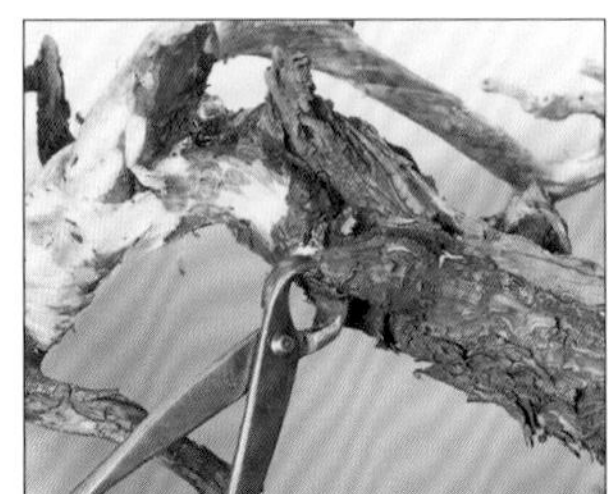

②用钳子剥掉树皮。顺着韧皮纤维的纹路小心剥去，效果更加自然。

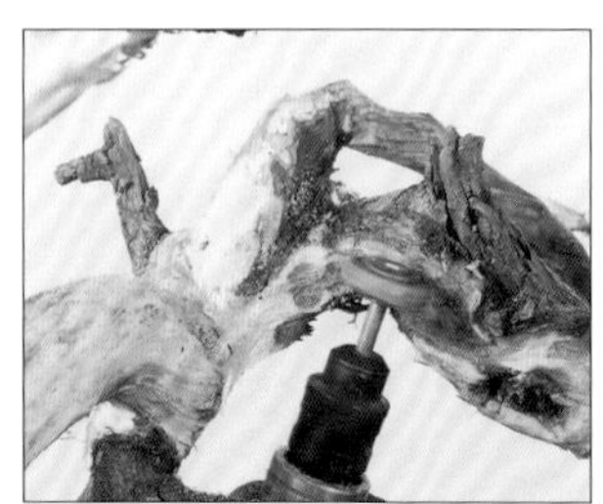

③用磨砂纸将木质部表面打磨光滑。使用电动工具可提高打磨效率。

仅切除主干顶树冠部的枝群！

④修剪树冠部上的所有枝。由于主干上仅有树冠部有枝群，所以修剪意味着要舍弃主干。

⑤修整后。舍利干的长度需根据作品的最终形态再进行调整。

左右枝群的改造及变化

①右枝群改造前。枝群繁茂，看不到根部。

②将下枝群从枝根处剪除，露出主干的根部，显得干净利落。

③改造后。修剪细分枝群，打造出层次感，突出视觉上的跃动效果。

①左枝群改造前。树冠与左下枝之间空隙过大。

②（从左侧面观看）从后方拉拽一部分枝群，填补到树冠下方的空隙处。

③改造后。树冠和向左伸展的树干仿佛隐藏在枝叶之间。

盆钵大小与树的大小相适应

图中这棵五针松个头很大，即使是两位操作人员都很难将其从盆钵中取出来。今井先生想尽量缩小树形，制作成小而轻的盆景造型。

树由于种在细沙中，几乎未长出小根。

树形轮廓缩小后，使用的盆钵也要相应变小。由于树原先植栽于细小的河沙中，底部的小根并不多，这种情况不利于移栽，只有尽量将河沙抖落，在不修剪小根的情况下直接将树栽入盆钵中。

改造后（移栽于3月16日）。树高68 cm，宽幅104 cm。

改造后的这棵五针松树形轮廓紧凑，呈现出了全新的面貌。

此次改造的亮点是将原本趋于枯萎、除树冠别无他枝的主干改造成舍利干。树原有的个性被完全继承下来。树形轮廓缩小后，与盆钵大小协调。作为盆景，这一作品的尺寸、重量都恰到好处。

尽管如此，今井先生并不满足于当前的制作。至于今后他将会构思出什么样的树姿，答案要等到5年后的第二次改造才能揭晓。

自上次改造后，历经5年，舍利干消失……

距离上次改造已经过了5年的时间。树姿和轮廓没有很大的变化，只是那根让人印象深刻的舍利干因为意外事故而早早“夭折”。即便如此，今井先生未将缺失本身视作一个问题，反倒是对上次改造中构成的完美三角形轮廓的树姿有了新的想法。

将支干的枝群塑造成三角形的轮廓，盆景呈现出了可观赏的姿态。新的树干古韵浓郁、纹路细致。但是今井先生感觉改造后的姿态并未将其魅力充分展现出来。为了更加深入挖掘这株树的潜能，今井先生想到了灵活运用树干样式及变化的悬崖式树形的新构思。

树高 66 cm，宽幅 107 cm。（5 年后 3 月 4 日）

今井先生对于树形的新构思是将原来的背面当作新的正面，角度向前方倾侧，然后再向右侧略微倾斜。悬崖式树形更加彰显了树干的魅力。再将笔直生长的舍利干（旧主干）剪短。

①改造前观察到舍利干的根处和活着的树干连接在一起。剪短此舍利干后制作小的神枝。

②切断舍利干。5 年的时间，树干因中间的木质部腐朽而出现了空洞。

③舍利干切断后，修剪多余的枝条。

移动枝群，填补左侧的空间

不仅舍利干中间出现了空洞，主干也同样如此。从左侧面观看，树干底部到中间部位也已裂开，仅外围的树皮还存活着。中空的一侧无法再长出树枝，继续这样下去，左侧将会出现更大的空白。

今井先生的做法是将原本横在树干前方向左生长的枝群绕到树干后方固定，来填补此空间。

盆栽左侧视角。虽然树干上长有许多分枝，但从左侧观察可发现，主干由于木质部腐朽而出现空洞，即所谓的空洞化现象，导致左侧无枝群，因此，只能通过移动其他枝群进行填补来打破左侧无枝的局面。

①为避免拿弯过程中枝条被扭断，将需要拿弯的部位用草绳包裹。

②在包好草绳的枝干上再绕上 6 号金属丝。把此枝绕到树干后方改造成左枝群。

③拿弯枝条，用金属丝固定。

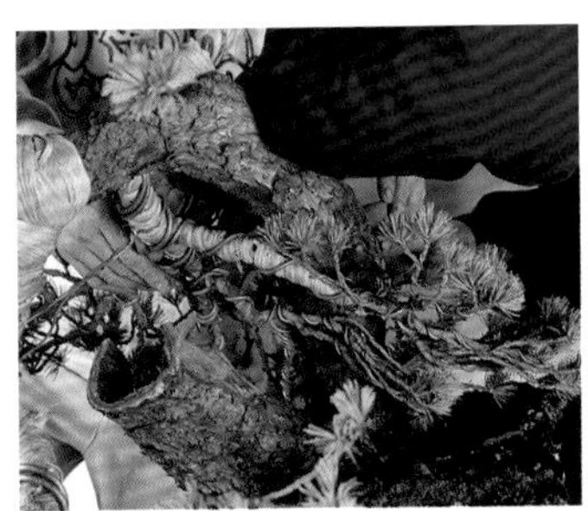

④慢慢把枝条往树干后方拿弯，注意不要碰到枝条前端。（从背面观看）

①包好草绳后准备拿弯。（从正面观看）

②将正面的枝群挪到了后面，接着又移动到了左下方的位置。（从左侧面观看）

③左侧枝群移动后。将向左生长的前枝似横穿树干般使劲下拉，挪移至树干后方。（从正面观看）

④左侧枝群整姿后。（从左侧面观看）

树冠部的缩小和整姿

①为塑造紧凑的轮廓，将树冠部缩小，用整枝器将部分树冠下拉至正面。

②整姿后。树冠的大多枝群被移动到了正面。（从左侧面观看）

③树冠部移动后。（从正面观看）

④粗略整姿后。

⑤悬崖枝整姿后。

拉拢悬崖枝的意义

将悬崖枝向树干方向靠拢后，经整姿形成向右延伸的姿态。树干底部和悬崖枝中间产生了一定的空间，略有缺憾，难以体现悬崖峭壁特有的险峻。收缩树干和悬崖枝间的空间，缩小左右轮廓，打造险峻之态，并灵活运用悬崖枝的优势。

⑥枝棚微调整姿后。在这个阶段无法碰触盆钵边缘，所以暂不对后面的枝群进行整姿改造。

整姿、移栽后。树高 66 cm，宽幅 90 cm。

5 年后再次改造的五针松，造型从独特的斜干式高大树姿，变成了令人赞叹的险峻苍古的悬崖式树形。

初次改造是为了缩小高大主干的轮廓，以改善树形结构为重心，弥补不足之处，制作出可观赏的盆景姿态。第二次改造，是在制作可观赏的盆景姿态的同时，在现有树姿的基础上进一步提高树格，即以提升树的价值为目的的改造。同样是改造，目的和内容却各不相同。

初次改造时，今井先生的脑海中可能就浮现出了这个悬崖式树形的构思和完成后的模样。但是，考虑到树势及树的承受能力，同时拿弯多根粗枝风险过高，与其匆忙改变导致树势难以恢复，不如多费些功夫让其充分生长，进行阶段性地修剪改造来得安全，耗时也较短。盆景是可以历经多代的传承艺术品，在其悠长的传承岁月中，5 年的时间只不过是弹指一挥间。最了解此事的莫过于改造者了吧。

经典实例
追踪 2

主干一分为三，打造风吹式树形

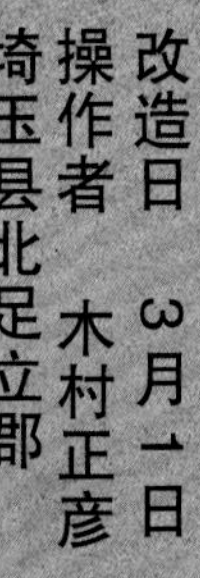
改造日　3月1日
操作者　木村正彦
埼玉县北足立郡

树高 90 cm，宽幅 70 cm。主干直径 5 cm。改造前正面。

右侧面。

左侧面。

背面。

曾经经典的树形，如今已缺乏魅力

这件作品由笔直伸展的主干和周围若干根细长的支干构成，大概是由实生植株压条得来的。在分枝树形广为盛行的 1955—1965 年，曾出现了大量和此作品类似的盆景，这件作品大概也是那个时代遗留下来的。暂且不论树形如何，树皮肌理呈现出的历经数十载的年代感，便是该素材特有的魅力了。

这种情况下即使用金属丝修整枝棚也不过是得到一盆平庸的分枝树形盆景而已。可话又说回来，拿弯直径粗达 5 cm 的主干也绝非易事。不仅如此，即便制作成了分枝树形，由于主干的存在感过分强烈，似乎也难以表现出分枝独具一格的风动姿态。

对于这样的素材，木村正彦提出了一个大胆的构思：将单调的树干纵向劈开，一分为三，改造成细干状分枝树形。

为塑造单面斜向风吹式树形，剪掉了左侧的支干。

右侧有 3 根支干，加上主干就有 4 根树干了，拔掉了中间的 1 根支干，保留其余 3 根。

主干单调乏味，缺乏动感

切割主干

①切割主干前，为了避免伤害到枝叶，将枝条用草绳捆扎起来。

②用电锯在树干中间锯出第一个切口，然后将刀具插入树干进行切割。

③改变位置重新锯一个切口。可事先标记好位置以避免出错。

④切割的长度根据树干上枝条的位置进行调整。锯出 3 条竖直的切痕是这一步操作的关键。

纵向切割树干极具挑战。但是，仔细观察木质部枯朽形成的空洞及干腐的树干，就能明白只要树干表皮的吸水活动（存活之路）没有受到阻碍，树就不会枯朽，也无须担心发生枝条枯萎等现象。

操作的关键在于纵向切割。不要横向或斜向切割，这样会阻断主干吸水。另外，即使竖着劈开，中途出现舍利干的话也会阻断对水分的吸收。所以宜在操作前用粉笔在要切割的位置做上标记后，进行模拟切断练习。

去除了左侧的支干和右侧的一根支干，主干从中间一分为三。

粗壮主干纵向劈开一分为三！

⑤切割结束。主干被劈成 3 株。不是简单地进行三等分，而是事先考虑好保留的枝条，再决定切割的位置。这一点很重要。这种技法的优点是可以让枝条看起来像从同一位置呈放射状长出的。

切断面平整不留渣

①粗略劈开后用锋利的刀具将切断面打磨平整。

②用电动刷把切断面清扫干净。

使各树干呈现自然神韵的操作

主干切开后可作为3根舍利干。削掉表面多余的木质部以利于后续树干的整形。

根据树干的软硬及弹性来确定其灵活程度。如果树干太过坚硬则继续削除木质部。

树干绑上草绳进行保护

避免树干在拿弯时被折断，整形前将树干用草绳包裹起来。紧紧缠绕上草绳是成功的关键。

草绳缠好后，考虑在2根树干上塑造细致纹理造型。剩下的1根制作成舍利干，所以使其竖直延伸。

拿弯前的准备工作

拿弯缠绕着草绳的2根树干。重复几次，树干会变得柔软，易于塑形。

为了拿弯树干，在包裹着的草绳上再缠绕金属丝。用8号金属丝双重缠绕后再进行拿弯。

虽说将主干一分为三，但也绝不是分割成细的树干那么简单。而且，不仅仅是对主干进行改造，左右侧的枝条也都进行了处理，塑造成自然长成的状态。

①上部被劈成了 3 份的主干，其中的 2 根包裹上了草绳。

②包裹着草绳的 2 根树干上缠绕金属丝，准备造型。

③包含侧枝在内的所有枝条粗造型结束。已初现风吹式造型轮廓。

观察主干的变化

①右侧缠绕着金属丝的 2 根树干向右倾斜，左侧的 1 根制作成神枝。

②粗造型后。右向风吹式树形已经很明显了，各根枝干的作用及其位置关系都已非常清晰明了。

③为了突出右向风吹的造型，延伸枝条，使其自然成型。

劈开后的 3 根树干中，有 2 根改造成了大幅度向右延伸的姿态，为降低其折断的风险，拿弯前包裹上草绳以进行保护。切割后的树干与原来的主干相比，直径细了不少，再加上中心部位的木质部也被削掉，所以可以毫不费力地进行拿弯。但由于先进行了切割，接着又进行拿弯，树干承受着相当大的负担，故操作时须小心谨慎。

此外，切割的创面舍利化后会变得坚硬，之后再进行造型加工难度应该不小。在本次的改造中，操作者提前设定好了将来造型的大小粗细，这是很关键的一步。

第一阶段改造完成。与改造前相比，每根枝条都被刻画出了细致的纹理，枝棚间的距离也都缩小了。迷你型的轮廓给整体造型增添了不少古韵和文雅的风味。

观察支干群的变化

①侧枝粗造型后，预计将其设计成配合主干的右向风吹式造型。

②侧枝绕上金属丝，调整其伸展的方向。

③第一阶段造型结束。与主干一样，枝条向右伸展，突出风吹式树形的姿态。

④整姿后。枝条间距离拉近，轮廓小巧精致。与整姿前相比，枝棚更具质感，让人感受到了一股浓厚的古韵气息。

单调乏味的素材重生后如风拂过

第一阶段整姿后的全貌。

移栽后。树高 70 cm，宽幅 55 cm。考虑到切割树干对树造成了巨大的负担，所以在大约 1 个月后的 3 月 30 号进行移栽。同时也对小枝进行了修整。

12 年后。切割成的 3 根树干都生长完好，舍利化的树干透露出一抹古色古香的韵味。

木村先生用“饱经风霜之树”向我们介绍了这棵五针松改造设计的主题。

野生五针松生长在海拔千米以上的高山地带，经受着长期的强风等恶劣环境的洗礼。遭受单一固定方向风的吹袭而形成风吹式树形的植株不在少数。

风不仅仅会改变树枝的方向，偶尔甚至会吹断树枝、使树干裂开。但枝干会迅速抽芽生长出新的枝叶，维系植株的生命。此次分割树干制作风吹式树形的构思，便是来源于崇山峻岭中的树木傲然屹立的姿态，欲尝试将此景再现于盆器中。

此造型称不上是一流的盆景作品，但是凭借改变造型使树木具有了盆景的观赏价值。经人工创造出的历尽沧桑的年代感，给作品增添了古典雅致的韵味，这些都在 12 年后的树姿上得到了完美的体现。无论怎样的素材都蕴藏着美好，如何发掘这些美好并将其融入盆景中呢？独到的感知能力能给盆景带来无限可能。

改造前。

经典实例追踪 3

大胆改变栽植角度，挑战更多的可能性

操作者 铃木伸二
长野县上高井郡

改造前正面。树高 60 cm，宽幅 105 cm。

改造前背面。

这是一株近乎荒败的五针松，但从枝条的状态可以判断出这组盆景曾经历过整形。

铃木先生得来此盆景时，树势已相当衰弱，树姿也非常散乱。即使要进行改造，也无法着手操作。铃木先生把恢复树势作为首要工作，将其移栽到木箱中养护了 2 年。现在终于可以进行操作了。

铃木先生得到这组盆景时，最先吸引他的是根脚的舍利干。如何展现出这一亮点，是他创作构思的关键。

铃木先生手托枝群，抬高盆器以展示舍利干及开裂的根脚。

改变角度，突出有特色的根脚

原正面的根脚。虽然突出了吸水线，但树干细窄愈发显得根脚瘦弱，给人不够稳固的感觉。

原背面的根脚。可以看到空洞状的皲裂干，树干细窄，根脚的瘦弱感和从原正面看起来差不多，也不适合作为正面。

追求突出根脚造型的艺术感，尝试改变角度的大胆构思

铃木先生最先关注的是植株根脚的舍利干及开裂部位，从当前种植角度考虑的话，正面构思介于原正面和原背面之间，不过两面的根脚都细窄而不稳固，即使调整枝条也无法完全将其遮盖。

由于树干一侧的树皮开裂，木质部外露，形成空洞，从而显得树干底部十分削薄，无论从正面还是背面观察都难以改善根脚细窄的问题。若把能看到舍利干的位置当作正面，根脚的宽度则增加了，与其他位置相比也显得更加结实稳固，而且还突出了舍利干的艺术感。据此，铃木先生有了新的构思：确立原右侧面为新的正面，将斜卧式的树干抬高到几乎呈直角的状态。

皲裂干和舍利的艺术气息被掩盖！

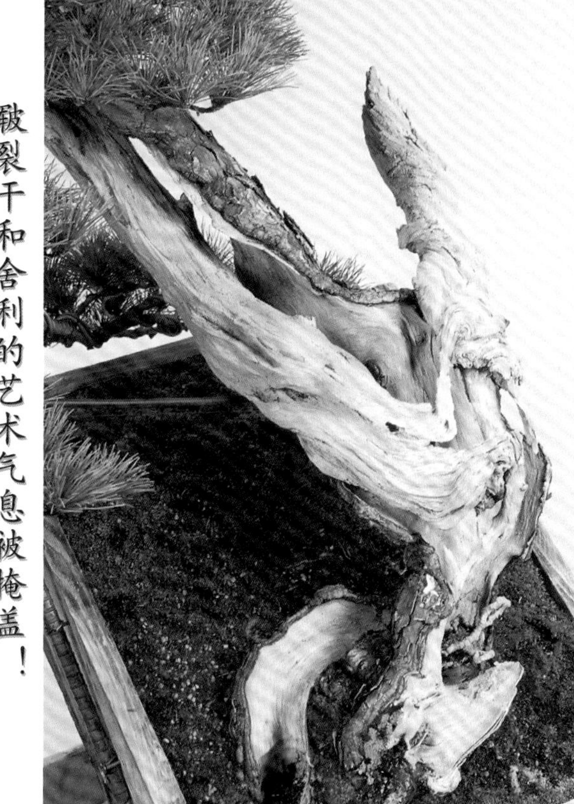

新正面的根脚。新的正面能够直观地看到舍利干和开裂树干的全貌。虽然吸水线只露出了一点，但是突出了最佳观赏部位，同时也展示出树干最粗壮处。与之前的构思相比，显得格外稳固。

从左侧观看新的树形。把睡卧式的树干改造成直立状态，需要大幅移动枝群，修整树冠部和主枝。毕竟是老树，修整也需要考虑树木的承受能力。

树形新构思。造型从原来的大幅向左倾斜变为树干几乎呈直角（当前视角由于枝群遮挡看不出来）。这一构思主要是为了凸显开裂的根脚和舍利干。

改变栽植角度的同时进行树干的整姿

为了让树干与地面垂直，还需要对枝群的朝向进行大幅度调整。老树的粗枝即便使用粗的金属丝也并不容易造型。铃木先生利用钢筋来固定木箱和树干上部，确保树木的中心处支点稳固。大幅左移下枝时，可将此钢筋作为支点，用金属丝将下枝拉到理想的位置。

①把竖立于树干中心处的钢筋钉在木箱上，为防止钢筋晃动，在树枝的上方也进行了捆绑固定。以钢筋为支点移动下方的枝群。

②用金属丝把树枝绑好，慢慢往钢筋的方向拉拽。移动老枝时要把握好力度，一点点移动，以免造成老枝的损坏。

③剪掉了右下侧遮挡根脚的枝群。保留下来的枝群向左移动，整形成俯枝式树形。

④整姿前正面。（改造后）

左下枝的移动和整姿

①左下枝整姿前。调整角度使枝头朝向正前方。

②粗略整姿后。可清晰地观赏到根脚的造型艺术。

③整姿后。细致的枝棚造型烘托出了飘逸潇洒的风韵，塑造了富于动感和变化的姿态。

从右侧面观看整姿过程

①右侧面整姿前。

②粗略整姿后。将侧边的枝条从枝根处拿弯，调整其至水平方向。

③整姿后。背面几乎没有枝群，无法塑造出纵深感，故通过整姿调配了数根枝条到背面。

树冠的构型和整姿全过程

树冠正面

树冠右侧面

①整姿前。原树冠完全朝上生长，有必要选定新的树冠，改变枝群方向。特别是背面完全没有枝群，因此只能拉低顶部上翘的枝条后再加以利用。

②粗略整姿后。将之前的树冠抬起后修整成新的树冠。下拉背面的枝群后，顶部枝条显现出三角形轮廓。

③整姿后。配合新的树形构思，将树冠稍向左侧调整。为保持整体造型的协调性，右侧枝群顺着左侧三角形轮廓延展。通过一簇簇灵动的枝棚勾勒出跃动感。

改造后，通过阶段性的根处理修正根盘

由于树根开裂，吸水线集中在了树干的一侧，可以预计根的数量不会很多。再加上新造型改变了整株树的角度，吸水线一侧的泥土势必会掉落，加大了移栽的难度。

初次移栽须在整姿后一段时间的春季适宜期进行。由于造型的整体角度发生改变，移栽的第一步将根部上端 1/3 部分的泥土去除，剩余部分连带泥土一并移栽至铺有粗土粒的大盆中。去除泥土的那部分根随之淘汰，下部的根则继续生长。待下部分的根生长充实饱满后，进行第二次移栽，慢慢修整上部舍弃的根。通过数次移栽，反复处理根部，制作出适合当前栽植角度的根盘。

由于移栽要数年才可进行一次，此次改造可以说是一场持久战。话又说回来，毕竟这是一株吸水线偏少的老树，所以在进行根处理操作时需要格外注意。改造 9 年后的成果见下一页。

整姿结束。树高 83 cm，宽幅 74 cm。

改造 9 年后的树姿。树高 83 cm。

改造 9 年后。通过进行有计划的根部处理，解决了原本脆弱悬空的根脚问题，根脚造型自然，也凸显了开裂的树干和舍利干，盆景的观赏价值大大提高。

将原本横向的盆景立起来，虽然说起来很简单，但是要将想象变为现实却非常困难。这需要具备使其成为可能的技术支持、良好的艺术审美意识，同时还要丰富的经验。

右图是改造后从原正面观看的树姿，可以直观地看到枝群的变化非常明显。要实现这些并不容易，找到问题所在、选择展现的重点……在一步步思考的过程中，可能会出现新的视点。

剪定与整姿篇

盆景整形中必不可少的步骤包括剪定和金属丝蟠扎。

剪定是修剪枝条的操作。若单是整理树形轮廓的话，只需要将伸出轮廓外突兀的枝条修剪至外缘轮廓线即可。但是作为盆景，仅仅这样操作还不够完善。盆景是要在小范围内尽可能多地制造出分枝，修剪成节间短、根部粗、顶部细的枝条。因此，不单要剪掉无用的枝条，还要预测新芽的萌发位置与其生长情况，然后将其缩短剪定至轮廓之内，更要用金属丝来调整枝条的方向，剪掉一部分枝条以腾出足够的空间。剪定的操作看似简单，实际上非常深奥。

此外，判断哪根是不需要的枝条时，金属丝蟠扎也发挥着相当重要的作用。若不清楚金属丝能使枝条做出多大的变动，则不能充分判定枝条的去留，很容易导致留下的枝条过多，树姿不完美。虽然拿弯粗枝等大规模操作并非易事，但只要掌握用金属丝修整枝棚的要点，之后的操作就会越来越得心应手。掌握有效的金属丝蟠扎技术，在此基础上进一步提高修枝的能力。

枝条的切除和金属丝的蟠扎操作

改造时间　10月1日
京都府京都市

改造前。树高 71 cm，树干直径 12 cm。粗壮有力的树干、青翠艳丽的苔藓，充分展现了大型直干树的魅力。尽管树姿已粗具规模，但是还没有对各个枝条进行金属丝蟠扎。

具备很高艺术素养的一株树

在各种盆景树形中，直干式树形被认为是最“坦诚”的树形。“古韵”以及根、干、枝形等盆景评判标准都有所体现。若这些要素稍有欠缺，便很难得到好的评价；相反，这些要素齐全，则可以充分展现其他树形表现不出来的简约之美。

这里要介绍的这盆盆景拥有这样的潜力——盆钵古色古香，树干粗壮笔直。大体轮廓已经修整完成，但各枝条还未进行金属丝蟠扎。接下来进行第一次正式的整姿改造。

改造的第一步，确定作品新的正面观赏角度。根据枝条的着生方式和主枝的设定，思考并研讨树干等的观赏方式。将轻微挪动盆钵后的位置确定为新的正面。根盘遒劲有力，树干笔直矗立，造型优美。确定新的正面后，即可进行枝条修剪及后续的整姿改造。

前期对枝群进行了一定程度的矫正，去掉了过粗的枝条及乱枝。下一步，确定树形左右侧轮廓的主枝。

新正面。盆钵略向顺时针方向转动，左侧略微抬高了一点。这个角度的根盘更具感染力，树干也是笔直向上。可谓是凸显直干式树形挺拔强劲姿态的典型。

对根盘、主干及枝条的着生状态等综合观察后确定的根脚新正面。即使枝条繁多的造型更具魅力，在进行枝条切除、金属丝蟠扎操作时，也需要考虑枝条的去留问题。

①剪枝前根脚的正面。图中 A 枝条是后方生长的背枝。

②剪掉了背枝 A。树干左侧的空间显得干净清爽。

③剪掉 A 后的根脚背面。接着再修剪 B 和 C。

④背枝 B 和 C 剪掉后。虽说是背枝，但也要避免在同一条直线上进行修剪。

通过剪枝改变树形

剪枝的关键在于确定最下方的枝条。左侧最下方的枝条是否需要修剪呢？毕竟剪掉会对将来的树形产生很大的影响。

若切除左下枝，将右侧最下枝当作第一枝，则主干底部的长度增加，可以表现出利落挺拔的高耸感觉；相反，若保留左下枝，能够展露出稳重深沉的繁茂感，同时也能突出树干的粗壮。

这里采用了能够突出树干粗壮的“保留左下枝”方案。确认第一枝及往上枝条的合理布局，使大部分枝条都能发挥作用。因此，最后的方案是切除背枝，对左右两侧的树枝加以利用，塑造树姿。

切除树冠部外多余枝群后的样子。枝骨展露了出来。

金属丝蟠扎从最下枝开始。

粗造型的重点

为改变枝条生长的角度，用金属丝将原本稍微上翘的左侧枝干下压。

采用双丝缠绕法对最粗的左下枝进行蟠扎。虽然原则上金属丝要缠绕在同等粗度的枝条上，但是这根枝条太粗，没有与之粗细相当的枝条。因此，先对左下枝和右下枝进行金属丝蟠扎，再缠绕金属丝于左下枝和其附近后侧的枝条，构成双丝缠绕的造型，加强稳定性。两根金属丝蟠扎三根枝条，充分发挥出了金属丝的作用。

在粗造型操作中，粗枝间的金属丝蟠扎是关键所在。若枝条间距过近，金属丝之间难免有空隙，则难以固定，所以在操作前应考虑充分。另外，尽量不要让金属丝从树干正面穿过。

从正面观看。左右树枝都缠绕上了金属丝。从正面观看，树干处看不到金属丝。

从后方观看。树干处缠绕了 2 根金属丝。

专栏

剪枝痕迹的处理

五针松虽不像杂木那样伤口容易留下明显痕迹，但也还是会留下痕迹。

枝条修剪后的伤痕原则上要用锋利的刀具削刮平整。若对修剪后留下的伤口置之不理，伤口无法愈合，则会形成难看的突起。即便是修剪小枝留下的小伤口，也要削平整，并在伤口处涂上愈合剂。

若伤口不大，削平后即可等待其自行恢复，但伤口较大的话，需要一定时间才能恢复生长。留长修剪后的枝条将其加工成舍利干就称不上伤疤了，而且能够缩短等待观赏的时间。若不加工成舍利干，则和小伤口的处理方式一样用刀具削平后再涂抹愈合剂。此时，如伤疤中间留有小的突起，其周围会长出愈伤组织，且会比平滑状态时的伤口恢复得更快、更完美。

尽管一年四季都可进行剪枝，但是改造粗枝等会给树木造成负担的操作最好在休眠期进行。制作舍利干时留一小段枝条放置一段时间，待枯干后削刮可以抑制树脂外渗。

剪枝痕迹处理实例（以‘瑞祥’五针松为例）

①把粗枝切断后的痕迹加工成舍利干。舍利干能够表现出古木感，经常被运用在剪枝痕迹的处理上。

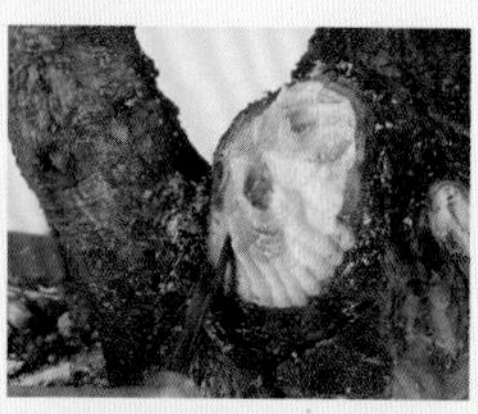

②为使伤口愈合，用小刀或雕刻刀将伤口削刮平滑。‘瑞祥’恢复能力良好，所以轻微剜挖部分木质部也没关系。

③削刮后。在伤口中间留有突起。突起周围会形成愈伤组织，所以会比平滑状态时的伤口恢复得更快、更完美。

④处理结束后涂抹愈合剂予以保护。伤口恢复到一定程度后切掉中间突起，使伤口完全愈合。

切除树冠部

长势好的树冠部枝条太多，看起来会显得顶部过于粗壮。这株树因为小枝保留较多，树冠太粗壮的话会显得整体不够匀称。

由于之前选择保留左下枝，打造稳重的树形，因此需要切掉突出的树冠，制作优美的树干线条。

①确保切口下方及周围有可代替树冠的枝条，将锯刃插入突出部位的下方切除树冠部。

②切除树冠。

③从右侧面看，为避免从正面直接看到切口，斜着切除树冠部分。

④树冠切除后，从右侧面看。利用金属丝抬高了周围的树枝，作为新的树冠。

粗造型结束后的树姿。

树冠部切除后的树姿。

枝条越往前端，分叉越多，所以在修整小枝的同时，蟠扎金属丝将小枝群制作成不等边三角形。一般情况下，将 2 根树枝用金属丝蟠扎在一起，如果最后有多余树枝，就将其插入已缠绕好的金属丝中。

侧视　　**俯视**

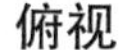

①剪定前。小枝朝上生长伸展，枝梢散乱，像是一个浑圆突起的团块。

②剪定后。确定保留的枝群，剪掉过于杂乱的小枝，制作成三角形的轮廓。

③小枝的主枝上缠绕金属丝。从图片中可以看出，枝梢部的线条已矫正。

④在其他小枝杈上缠绕金属丝。选用比绕在主枝上还细的金属丝缠绕小枝杈。

⑤金属丝蟠扎结束。小枝杈也进行了造型设计。从上方可以看到树枝形态婀娜多姿。

左下枝金属丝蟠扎前。

左下枝金属丝蟠扎后。树枝分枝成扇形的小枝，整体勾勒出三角形轮廓。

从最下枝到树冠部，自下而上，枝棚已被修整完美，稳重、存在感强烈的树姿显现出来。根脚处雄浑有力，枝条势头和枝间空隙突出了直干式树形气冲霄汉的魄力和优美雅致的氛围。

剪定与金属丝蟠扎只是修整树姿的开始。在操作过程中，还有一些需要修剪的枝条，但这次先缓缓，待树枝内侧多长出些侧芽再说。

之后的养护重点是充实各个小枝，尤其是要培养枝条内侧的芽。经过培育、剪枝和金属丝蟠扎，盆景姿态定会日臻完美。

修整结束后。树高 64 cm。整形后的树姿，根脚处显得愈发粗壮，颇具存在感。枝间空隙缩小，自下而上逐渐变细的树干隐约可见。

枝棚制作的基础及其应用

神奈川县相模原市

改造前。树高 52 cm。粗糙的树干表皮展现了浓浓的古韵之美。图中这一面其实是这盆盆景的背面，这次改造将其作为正面来打造。

为了突出主干的舍利部分，大幅倾斜树干，再用整枝器将树冠向正面挪动。操作强度较高，将树冠移至目标位置即可。

移动树冠后。

正背面逆转后的枝棚修整

这是一株树龄超过 150 年的古木。树干蜷曲伸展，姿态优美，被吞噬般的舍利干苍劲古朴、富有年代感，将历经沧桑的厚重感表露得淋漓尽致。

这株树原本整体形态偏左，这次改造进行了正背面对调、角度前倾及拿弯树干的操作，改造强度稍大。关键之处在于要将舍利部分，特别是树干上部的舍利干移至正面。在大幅调整角度、用整枝器拿弯树干后，再进行整姿工作。

树干如盘虬卧龙，颇有观赏价值，在进行整姿时要凸显这一亮点。盆景枝条有位置、长度、厚度、角度等要素，这里我们着眼于枝棚的表现形式来尝试改造。

枝棚制作的基础之一 削薄与加厚

枝棚的厚度是很关键的因素。改变小枝间的高低差，树整体的感觉会截然不同。若想要表现苍劲有力之感，则加厚枝棚；反之，想要营造潇洒俊逸的风范，则削薄枝棚。

枝棚整姿前的正面视角（左图）及俯视角（右图）。

削薄枝棚。剪掉向下生长的枝群（也可用金属丝矫正），缠绕金属丝防止小枝重叠。剪掉不需要的小枝。

加厚枝棚。将基础枝棚上方的数根小枝（图片中 A）重叠配置成一体。但是上下枝的方向要前后错开，角度也要错开。这样做的目的是为了确保下枝的光照和通风。

枝棚制作的基础之二 避免自然淘汰的枝棚布局

如果某一处有重叠枝，下方枝条根处的侧芽会由于得不到光照而逐渐衰弱。侧芽对盆景而言非常重要，为了不妨碍其生长，布置枝棚时要将枝棚错开。

枝棚重叠。若上下枝重叠，下方的枝条无法接受到日光的照射，内侧的小枝和芽会逐渐衰弱。这是自然淘汰的法则。

枝棚错开。上下枝的生长方向错位，下方的枝条也能得到光照。枝棚间枝条的布置，使得整体外形美观，层次分明，富有立体感。

右下枝群的整姿

为了配合从底部就向右偏的主干，对右下枝进行修整，使其向外伸展，加厚枝棚彰显出“力量感”，另外还可以填补右下枝和上方枝条之间的空隙。

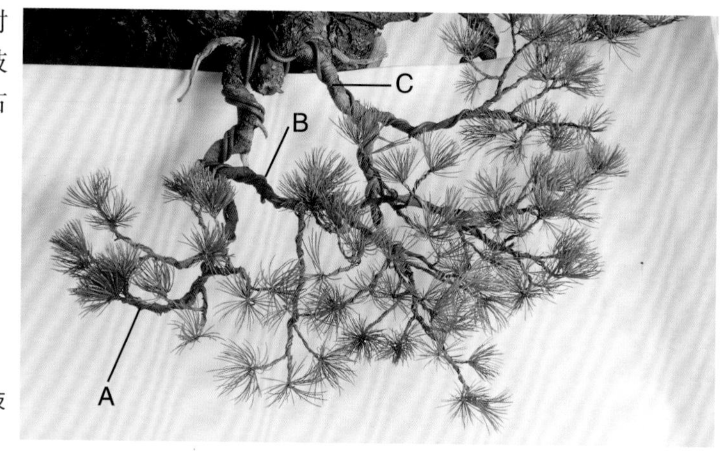

①右下枝由枝群 A、B、C 组成。先剪掉二次分叉的枝条上多余的小枝，再进行金属丝蟠扎。

②缠绕金属丝后，拽拉枝群 A、B 和枝群 C 以缩短它们之间的空隙，将它们整合成一个枝棚。

③枝群 A 和 C 整姿完成后，再对所有的小枝进行整姿。这里需要特别说明的是枝群 B 的位置。枝群 B 移到内侧后，前端伸展到枝群 A 的外侧（从正面看）。树干正后方 D 枝的小枝群也被调整到了绝佳位置上，使其从正面看似乎与其他枝在同一枝棚。采取多种方式实现了加厚枝棚的目的。

①整姿前。改变栽植角度，使各个枝群向上伸展。

②剪掉了不需要的枝群。树冠显得单调乏味。

③下拉树冠部分左右的枝群，与下枝整合在一起。

树冠的整姿

剪掉了树冠部多余的小枝，配合下侧枝条，下拉左右枝群使其连贯。这株树的下半部分韵味十足，相比而言上半部分造型过于单薄，可以把上方的枝群改造成小枝，将偏向一侧的小枝分散至各个方向，提高整体的统一感。

枝棚操作之妙

修整后的枝叶整齐有序，一簇簇的枝棚姿态优美。这些枝棚时而厚重，时而小巧，飘逸曲动而富有节奏韵律。

右侧枝棚苍劲有力，左侧的略微俯首显露古木风范，树冠小枝分散均匀，各个部位都展现出了不同的风情。这一切都是为了充分展示出树干的魅力，整体的统一感跃然入目，可以说这一树姿让我们领略到了枝棚操作的绝妙之处。

整姿结束。树高 55 cm。枝棚修整后，与右倾的树干格外协调，匀称的树姿，增加了树的古韵。

凭借感觉弥补缺陷的金属丝蟠扎技法

埼玉县北足立郡

整姿前。树高 77 cm。渐显古韵的树皮、粗壮雄浑的树干和优美的主干线条在模样木之中实属上品。只是枝条着生的状态存在些许问题。

树干姿态完美，但枝条问题较多

这株树虽还算不得古木，但已然是一株别具风格的模样木素材。轮廓也进行了大致的整形，乍看以为是株即将完成的盆树，只是枝条着生的状态出现了一些问题。

这株树最大的问题在于左右两侧的最下枝从同一高度伸出，呈门闩状。虽然左侧枝长，右侧枝短且轻度上扬，二者稍有区别，但将任何一条去掉都不合适，树形的修整必须从头开始。

这两枝究竟是去除还是保留呢？若是保留又该如何修整？这需要在考虑和其他枝群的关联性后，再做出适当的选择。树干造型、枝群修整的工作将由拥有高超技术和独特慧眼的顶级专家来挑战。

从树干长出的粗枝，也就是主枝的改造存在难点。特别是自下数的第三根枝条，再加上左右两侧最下方呈门闩状的枝条，整株树问题较多。

开始金属丝整姿。

左一枝

与树干线条相呼应，枝根的角度和高度也都较为理想。不过，操作者指出："若就这样布局枝棚的话，会给人一种整株树上只有这根枝条造型漂亮的感觉。"为使其与右一枝协调，需要进行微调。

①整姿前的左一枝，与其他枝条不协调。检查小枝的分枝情况，一边进行金属丝蟠扎，一边剪掉小枝。可用的小枝尽量保留。

②将整根枝条大致分成前、下、内三个部分。

③粗造型后。3个部分的枝棚被修整成了呈现低姿态的枝棚、隐藏枝根的枝棚，以及伸展绿叶的枝棚。

④整姿后。各部分枝棚的位置、作用清晰明了。

右一枝

枝条位置问题不大，但略微倾斜上扬。作为模样木的第一枝，至少要呈水平伸展。另外，枝条的粗细程度也不合格，操作者大幅上拉了枝根。

①整姿前，倾斜上扬伸展的右一枝不符合模样木第一枝的角度。

②修剪掉枝根附近不要的小枝。修剪后可明显看出这根枝条为最下枝，且自枝根处上扬生长。

③出现这种情况，通常是要进行下拉操作的，但这次操作者使用钢筋将枝条大幅上抬。

④接着再用钢筋从枝条中间部位开始下拉枝条。这样看上去就像是模样木的最下枝了，但是枝根却依然上扬生长。为什么要这么做呢？

仅靠金属丝整姿

修整后的树姿完美解答了所有疑问。将右一枝上拉，是为了避免它和上方的枝条间隔过大；把左一枝分为3个枝棚，是为了凸显作为第一枝的交叉纹样和厚重感。通过缩小树冠营造低矮的视觉效果，树干模样得以强化，左一枝和右一枝的存在感也得到了提高。

世界上不存在教科书式的盆景素材。像这株难点较多的素材，光靠枝条修剪远远不够。将枝条凌乱的姿态作为特色，充分运用操作者的感性思维，利用金属丝进行改造，这株树是一个很好的例子。

①改造前的左一枝和右一枝。

②整姿后。从高度来讲，左一枝发挥了第一枝的作用。右一枝作为第二枝也毫无违和感。

①改造前的树冠。

②利用钢筋扶正位置。

③整姿后。

改造结束。树高70 cm。修除不美观的部分。虽然通过高强度操作也能改变树姿，但本次改造仅利用金属丝便修整出沉稳的姿态。

专　栏

金属丝蟠扎基础指南

缠绕金属丝对枝条进行加工造型的整姿是盆景制作的基础操作。根据枝条的粗细程度不同，可使用不同粗细的金属丝。选择适合的操作方法对枝条进行整姿，有显著的效果。

这里以几个题材为例，介绍金属丝蟠扎的基本要点。特别是小枝繁密、针叶短的五针松，经过金属丝蟠扎后会变得迥然不同。

①使用五针松枝群模型来讲解金属丝蟠扎技法的基础。图片是整姿前的状态。先剪掉老叶，再进行金属丝蟠扎。

②专家粗整后。首先在最近的枝条和左向延伸的粗枝（箭头标识）上缠绕较粗的金属丝。这两个部位固定好后，其他操作就简单了。之后再蟠扎粗枝，整形枝骨。

③专家进行金属丝蟠扎后。各小枝都缠绕上了金属丝，进行了姿态修整。枝根有急角度的分叉，整体姿态呈扇形，造型美观。若金属丝的前端向上，则树叶也会向上生长。注意，蟠扎过程中不要让叶子卷曲。

初学者蟠扎问题实例

①初学者缠绕的枝条。初次操作，问题较多。

②金属丝与枝条间有空隙，这样无法很好地固定枝条。

③金属丝的长度不够。若缠绕不到枝梢，则无法起到很好的固定作用。

④虽然两根枝条都缠绕上了金属丝，但都没有固定好。移动一边另一边也会移动，呈“天秤”状态。

⑤金属丝交叉缠绕。不仅固定不了而且看上去也不够美观。

金属丝蟠扎之前，去掉不需要的老叶。用手指拽拉叶梢即可简单除掉。去除弱芽老叶是基本的操作。

由上图示例可以看出，右手在缠绕金属丝时起很大的作用。同时，左右手的手指配合也很关键，若能很好地用左手进行固定，操作的速度也会大大提升。专业人士操作起来手指灵活，动作优美，毫无拖沓。

观看专业人士的示范操作也是一种学习方法，但要想很好地掌握还须动手操作，多加练习。

左手的技法

①用拇指和食指捏住金属丝和枝条进行固定，然后中指抵住枝条前端，右手缠绕金属丝。

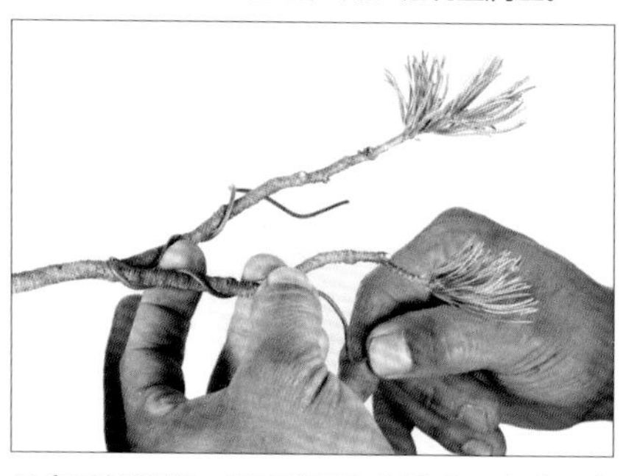

②金属丝缠绕一半后拇指向右滑动，移动至中指所在位置。

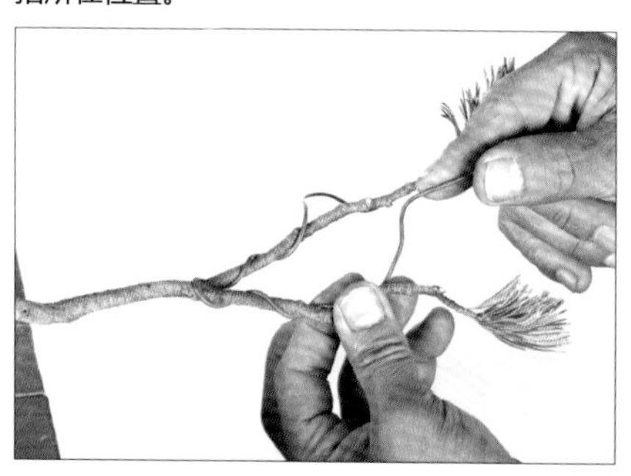

③用中指和拇指捏住金属丝和枝条进行固定，金属丝向上缠绕。

④用食指代替中指，抵住之前的部位，中指向前挪动，抵住金属丝前端。重复这一操作向前缠绕。

右手的技法

①食指承担主要操作，金属丝贴在右手食指上进行缠绕。

②不要让金属丝自身扭转，转动手腕，像画圆一样，使金属丝的同一面紧贴枝条。

③再转动手腕，让金属丝贴在食指上，再绕到枝条上。

初学者蟠扎问题实例

左手按住分叉处的金属丝，但末端未固定，无法牢牢地缠绕枝条。

仅用右手指尖缠绕金属丝，金属丝较粗的话无法操作。缠绕的每圈间距不匀称也会增加对枝条的负担。

流畅过渡是金属丝蟠扎的基本要点

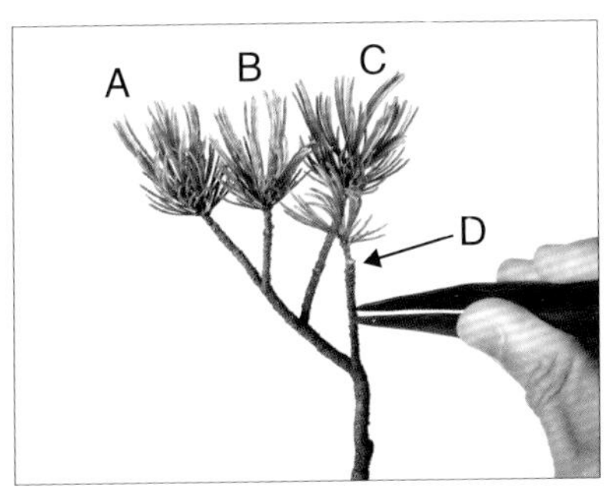

①枝条蟠扎示例。预计将 D 移至 B 和 C 中间。这 4 根枝条如何搭配呢？A 和 B、C 和 D 的组合小枝过于靠近不宜搭配，因此在 A 和 D、B 和 C 或者 A 和 C、B 和 D 这两种组合中选择。

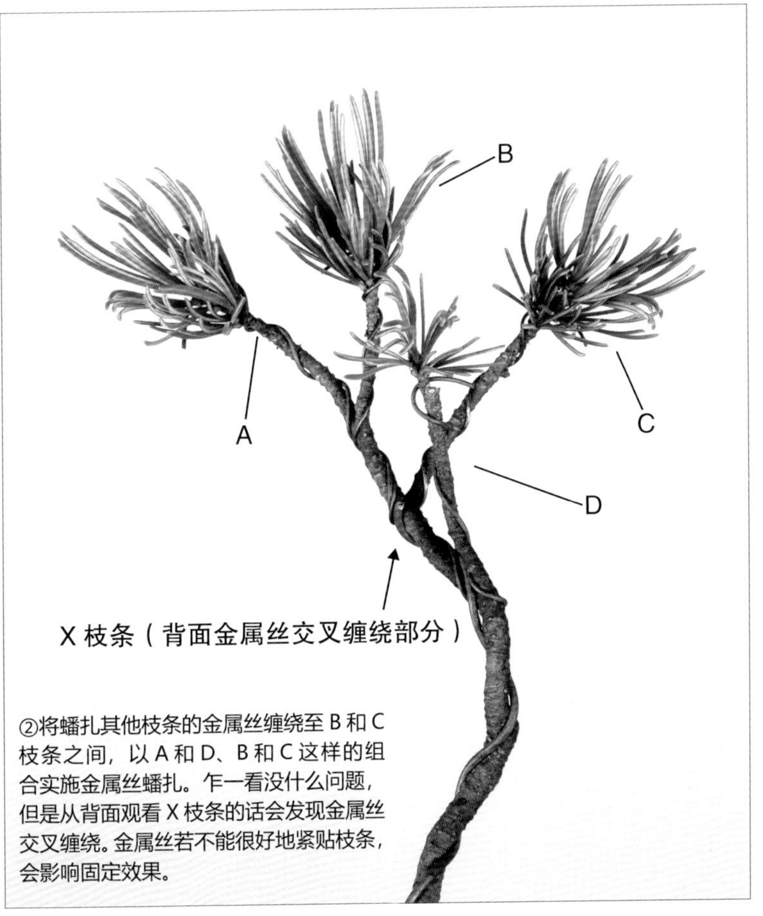

②将蟠扎其他枝条的金属丝缠绕至 B 和 C 枝条之间，以 A 和 D、B 和 C 这样的组合实施金属丝蟠扎。乍一看没什么问题，但是从背面观看 X 枝条的话会发现金属丝交叉缠绕。金属丝若不能很好地紧贴枝条，会影响固定效果。

X 枝条的背面。（金属丝有交叉）

过渡是指将一根金属丝缠绕至两根枝条上，这是金属丝蟠扎的基本要点。但是在小根过多的情况下，如何和谐搭配是个难点。

这里介绍了有 4 根小枝的情况，还有 5 根、6 根、7 根甚至更多小枝的情况。但最基本的都是要找适合过渡的枝条。选取枝间距适中、粗细相当的枝条。一组完成了，剩下的也就变得简单了。

要习惯在两根枝条上进行操作。如果看到枝群就能确定哪根枝条适合用来过渡，就可以避免出现金属丝交叉缠绕的现象。那么，打造出漂亮的树姿也就不难了。

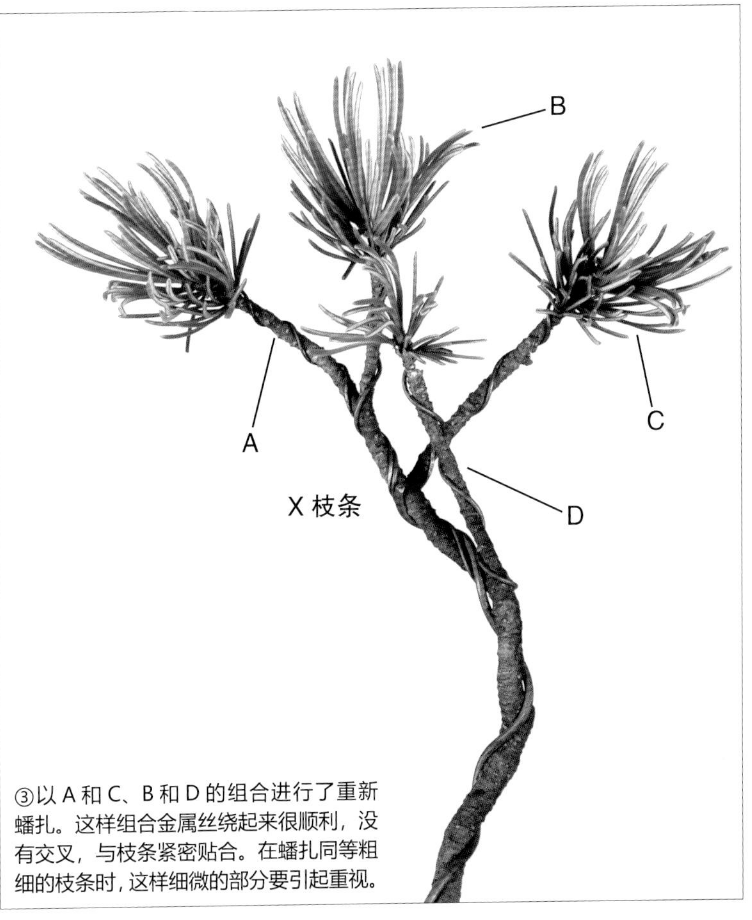

③以 A 和 C、B 和 D 的组合进行了重新蟠扎。这样组合金属丝绕起来很顺利，没有交叉，与枝条紧密贴合。在蟠扎同等粗细的枝条时，这样细微的部分要引起重视。

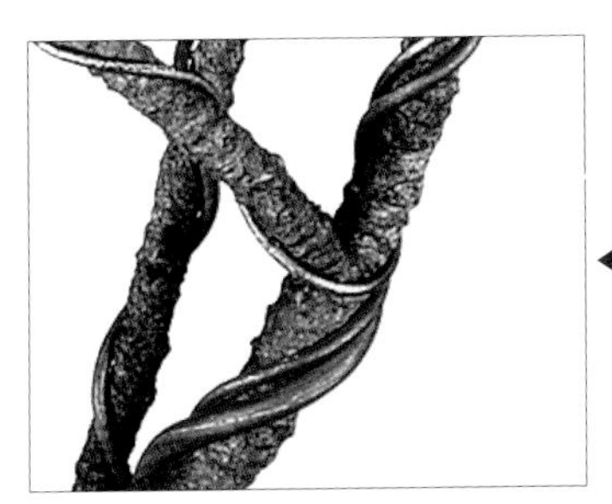

X 枝条的背面。（金属丝无交叉）

蟠扎粗枝时采用『长距离』绕法

①金属丝蟠扎粗左枝和粗右枝的实例。左图为正面，右图为背面。并非按照普通模式进行蟠扎，而是将金属丝缠绕树干一圈半，从正面能看见金属丝，虽然这样并不怎么好看，但这样更容易固定，处理粗枝需要这样的力度。

②绕至第二枝处，粗金属丝可作为下一根金属丝缠绕的支点，即在前一根金属丝上缠绕两三圈后再进行后续操作，这样可以固定得更加牢固。

在细枝上缠绕金属丝，即使操作不太规范，也有一定效果。但是要在粗枝或树干上进行操作，则需要找好过渡枝条且枝干的固定必须稳固。可采用“长距离”缠绕的方法，金属丝缠绕得越长，固定得越紧。上图的例子，即使不太美观，也须将金属丝缠绕树干一圈半。树皮与金属丝接触的长度越长，摩擦力也会随之增加。枝条间的相互操作也能变得更稳定。

专业的金属丝蟠扎操作忠于力学的原理。这一摩擦力在普通的金属丝蟠扎中也发挥着重要的作用。

利用“拉力”将上扬的枝条下拉。尽量让整根枝条下垂，下压位置最好靠近树干。

从枝尖处下拉示例。枝干处几乎没动，且形成了螺钉状、略显庸俗的枝条。

下拉完成。金属丝也要美观。下一页介绍下拉枝条的具体操作。

①下压下枝。下垂的枝条越低，越容易表现出古木的风情。

②不要从枝条中部下压，要从根部开始动手，用钳子边固定枝根处的金属丝，边下压枝条，这样操作起来会更方便。

③用锥子在盆底开个小孔，将金属丝从底部穿入，用于牵引枝条。孔的大小最好可供 2 ~ 4 根金属丝穿过。用小段金属丝将穿过的金属丝固定在盆底。

在粗枝上缠绕金属丝，有时就算绕得再好，也不能将枝条下拉。这时，牵引的操作就可以发挥作用了。将树干拿弯，枝条下拉后固定，牵引用的金属丝贯穿用土，固定于盆底。若想长时间保持这种状态，也可将枝条下拉固定在用土中的粗根上。

④将穿过来的金属丝另一头固定在树枝上，然后再用钳子轻轻拧紧。

⑤用手指或整枝器下拉枝条。利用杠杆原理，达到下压的目的。

⑥下拉枝条后，拧紧枝条上的金属丝，一次不要下压太多，反复操作以达到目的。

金属丝蟠扎的目的

缠绕金属丝的目的是移动枝条，修整植株的姿态。特别是五针松，通过缠绕金属丝将枝棚细分，不仅能够表现出树的高大、古朴，还能让它柔软的针叶看上去更有格调。

另外，缠绕金属丝还有利于修整不要的芽，解决枝条重叠等问题，改善光照及通风等条件，不仅使枝条姿态美观，还有利于植株的养护操作。

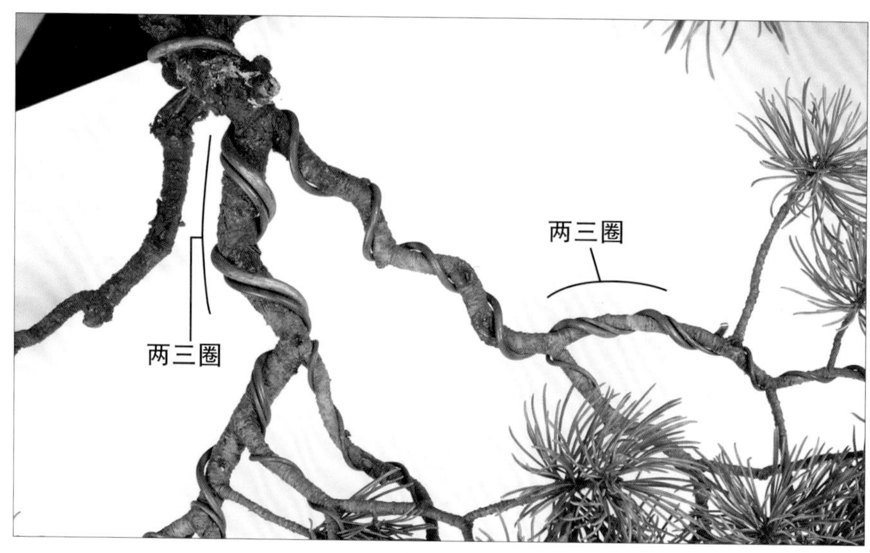

专业人员进行的金属丝蟠扎操作。外形美观，枝条不重叠，枝棚呈扇形展开，改善了光照及通风条件。在进行各小枝的操作时，要考虑到整体的协调性，在拿弯、造型时，尽量让金属丝处于整体的背面。

在枝芯（箭头位置）等粗枝上缠绕粗的金属丝，随着枝条变细，使用的金属丝也要变细。紧贴枝根处用金属丝缠绕两三圈予以固定是操作的要点。

没有过渡枝的情况

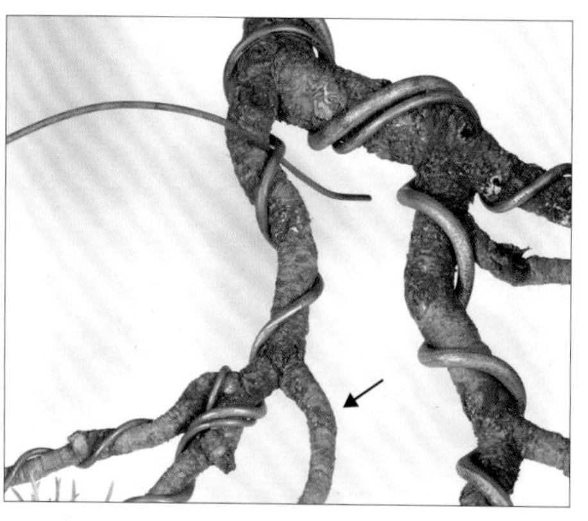

①没有适合过渡的枝条，只多出来一根枝条（箭头位置）时，在金属丝和枝条之间插入新的金属丝，作为支点。

②枝条根部若能固定好的话，即使没有过渡枝，也能达到目的。

金属丝较短的情况

①金属丝缠绕至前端后不够一圈时，可增加一根金属丝，与前一根金属丝紧贴且多缠绕一圈，使两根金属丝流畅衔接。

②从背面观看，可以看到两根金属丝交叉缠绕。这只是在金属丝不够长时的应急处理。一般情况下须预留出两三圈的长度。

移栽篇

盆景中根与枝条的生长有着密切的关系，要想枝条健壮生长，需要促使根部伸展，要想增加小枝及分叉则需要增加须根。若根部健壮程度不均，枝条的生长状况也会有差异，要使树木造型协调匀称，需要进行移栽和根处理。仅仅修剪根系、更换用土，无法达到移栽的效果。

移栽时，须将至少 1/3（培养阶段则为 1/2）的土打散，将徒长根修剪成细根。但是五针松没有黑松那么强的生根能力，所以在移栽时需要保留一定长度的根以便于维持树势。另外，中心位置的土壤不要像移栽杂木类树木那样一次性去除，虽然板结的泥土会影响水分的渗透。为保证移栽后植株的生长状况，建议分 4 次进行移栽。

对根进行适当的修理，更换用土，是培育出健壮盆栽的基本操作。而移栽是多年一次的重要操作，在掌握基本操作后再来挑战移栽吧！

一般的根处理和以缩短根部尺寸为目的的根处理之间的差异

移栽日 1月20日
兵库县姬路市

移栽前。树高 39 cm。

左侧是之前使用的盆钵，右侧是这次移栽用的盆钵。由于盆钵小了两圈，所以需要对根系进行大幅度修剪。大多数情况下，大幅度修剪五针松的根系会引起树势减弱，所以此类案例的根系处理起来比较困难。

树姿成形后，处理根部，移栽至小盆钵

在蓄枝阶段，为使枝根粗壮、小根丰富，适合在大盆钵中进行培育。现在树的轮廓已经达到预期效果，为了凸显树形，将其移栽至小盆钵中。

缩小盆钵的尺寸不仅仅是为了修整树形，还有一个目的就是抑制根系的生长。在培育阶段，优先考虑树的长势，以根系生长旺盛为首要目的，所以多被栽种到大盆钵中。但是，若根部过长，枝条也会徒长，在小枝培育阶段这种做法是不可取的。五针松和黑松一样，不需要摘芽，所以不希望芽和枝条过度生长，为此将植株种入小盆钵来抑制根的生长。

盆钵尺寸缩小，要将植株种入，需要剪掉长势强的根，但五针松去掉强根可能会导致树势衰弱。这里具体介绍一下根处理的要点。

为了移栽至小盆钵，最大限度地清理土壤！

根处理后的状态。表土已清理干净，台土也被疏松好了。与普通操作相比，这次操作动作有点大，但是要尽量做到不影响树的长势。下页介绍操作的详细步骤。

从底面开始清除旧土，切短徒长根

①植株从盆钵中拔出后的样子。小根都密集地缠绕到了盆钵底部，可以推断距离上次移栽已有4~5年了。周围的白色物质为共生菌。培育状态越好，共生菌附着得越多，可见这棵树非常健康。

②先从底面开始清理土壤。根系是由上往下生长的，所以从底部开始操作不容易伤到树根，也会更加顺利。一边用钉耙清除土壤，一边梳理根系。

③底部疏松后的样子。底部这种白色细根可以判断是去年长出的，若这种细根很多，说明根系旺盛，植株富有活力。在之前的移栽中粗根基本都已修理好了，这次没有要大修的根。

①底部旧土被清理 1/3 后的样子。由于自上次移栽已过了 4 ~ 5 年，徒长根很多。

②剪短徒长根。底部延伸的根对树势影响不大，适当修剪即可。

③底根修剪后。台土还要进一步疏松，故不要将根修剪得太短，先修剪到这个程度再开始疏松土壤。

根处理的要点

处理剥掉表皮后的根

在用钉耙松散根系时，常常会一不小心将根的表皮剥落。这种情况下，可从根须的分叉处将受伤的部分剪掉，否则，这部分根会逐渐腐烂，影响新根的生长。移栽后为促进小根尽快长出，基本上会将影响根部发育的部分全部剪掉。

处理顶端开裂的根

①与上述例子相同，若用钉耙等强行拉拽解开缠绕在一起的根，根被撕扯，根尖会开裂。松散根系时要注意这一点。

②开裂的部分长不出小根，即使保留也没有什么意义，所以从分叉处将开裂的根剪除。不用过于在意根尖开裂的根，发现后剪除即可。

处理变硬板结的上根

①上层根在树的生长过程中承担着很重要的作用，所以处理时要小心。按照根的伸展方向呈放射线状疏松土壤，注意不要伤到根。

②上层土由于施肥的原因，土壤已板结，所以细小部分的泥土也要疏松。表土疏松不充分的话，土壤的透水性能会下降，水分无法渗到中心部分，会导致缺水。上层根之间的土壤用小镊子或锥子仔细地疏松。

一般的根处理和缩小尺寸的根处理之间的差异

一般的根处理

从底面观看。五针松与黑松类似，根部不宜一次修剪过多。否则会影响树的长势，所以尽可能地多留根、留长根。最开始疏松底土、剪掉底根也是为了能够少修剪一些。

缩小尺寸的根处理

从底面观看。原来根部的台土尺寸无法移栽到新盆钵中，所以在尽可能不剪掉根的情况下，清除台土。此举是为了减轻树木的负担进而维持树的长势。从保留的台土及移入盆钵的大小来看留下的根量还是很多，将伸长的根缠卷后进行移栽操作。

移栽的流程

①安装防虫网。固定用的金属丝以 2 倍盆钵宽的长度为宜。

②将固定用的金属丝穿过。金属丝之间的距离较短会更加稳固。

③底部铺上粗大颗粒的土壤，上面铺上混合土。由于此树还处于培育阶段，土配比为赤玉土：河沙：桐生砂：富士砂 =4：4：1：1，以保证排水顺利。

④将树种入，树与盆钵底部不要有空隙。用金属丝将树固定。

⑤从上面覆盖上混合土，插入竹扦轻轻晃动以疏通土，使内部填满混合土，不留空隙。

⑥移栽后。充分浇水，使盆内细小微尘从盆底排水孔流出。

结合树木的状况调整台土

操作日 3月16日
栃木县下野市

案例1

令枯木重获活力的移栽

移栽前查看表土的状况。土已发黑，土壤酸性化。应该很久没有进行移栽了。另外，虽然有众多树根外露，但是能当作盘根来用的很少，并且根伸展的方向也很凌乱，无法制作成观赏用的“八方根盘”。土壤环境恶化是一重要原因。

移栽前。树高60 cm。芽小，叶疏，叶色也不佳，呈现枯萎的状态。应该是长期没有移栽过。

从盆钵中拔出，去掉表土上的枯叶和肥料残渣后就能看出上根的样子。上根几乎没多少须根，用处不大。

盆钵中的这棵沧桑古朴的五针松，枝条枯萎，树势衰落。枝条出现这样的症状，很可能是树根受到了严重损伤，所以这次移栽首先要考虑恢复树势。但是在树根受伤的情况下对土壤进行培肥会起到反作用。所以首先需要确认移栽适宜期根的生长状况。

移栽前查看根的生长状况，发现表土上面有许多细根。这些也算上层根，但是这些根从表土里面长出来，或交叉或横向生长，可见根生长错乱，需要修整。

之前的移栽都没有好好修整上层根。再加上长期未进行移栽，盆内已无多余空间供根系伸展，因而不得不长出土表。另外用土也存在一些问题，导致土壤内根生长过多，盆钵内部的水分和氧气不足，树根长出土表。从枯萎的枝条来判断，树根的生长状况很不好。

检查从盆中拔出时的用土状态，大半的土粒已经粉化，但还好未出现板结。可能是由于土中混有粉尘（应该是桐生砂），阻碍了排水。要尽快修剪上层根并更换土壤。

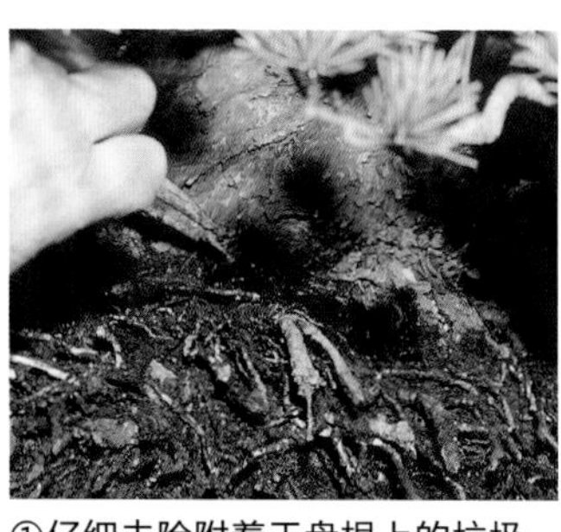

①仔细去除附着于盘根上的垃圾，在疏松表土时注意不要伤及根部。

②修整无用的枯根及缠绕在一起的根。检查是否有生长方向不好的须根，从根处将其剪掉。

③根切除后。下层也有根，上层的根不修整的话，无法确认。

此次操作，台土推迟更换

用土如此糟糕，因此打算更换台土，但在树势衰败的情况下更换台土会加重树的负担，且稍有不慎有导致树枯死的可能性。若树枯萎，一切努力都会付诸东流，所以这次仅实施了上根的整理、常规的移栽和台土的清理操作。

等新的用土中长出新根，树恢复健康后，再进行下一次移栽，那时可将中间的台土更换并修整内部树根。五针松不能每年都进行移栽，因此需要花费较长的时间分数次移栽来彻底更换掉所有用土。

上层根挖出后的样子。疏松表土，确认根的存活情况。虽然上层根有很多，但基本都没有须根，不适合作为盘根。

根处理后。处理掉了大半无用的上层根。底土及其周围的土壤差不多清理干净，但是考虑到树的长势，横生的树根和底部树根留得较长。本想更换中心土壤，但考虑到树的承受能力，这次暂时没有进行，等到小根繁茂密集后再进行阶段性地更换。

用土为赤玉土、桐生砂、富士砂，按（5 ~ 6）：3：（1 ~ 2）的比例配制而成。移栽完成后，仅在根的周围薄薄盖上一层切碎了的水苔，以保持水分。

移栽后。

④剪除或剪短所有长势弱的上层根。修剪上层根可以使其下面的根以及横根恢复活力。

⑤上层根中唯一有用的粗根在此次修整中没有多大的作用，因而被全部剪除。

⑥粗根切除后。若保留粗根，营养都集中在此处，会阻碍其他根的生长。此操作是在判断切断粗根对树势没有影响的基础上进行的。

案例 2

更换古木台土的移栽

五针松（‘九重’）。移栽前。树高 64 cm，宽幅 90 cm。此树由嫁接繁殖，再由压条后变成模样木。虽处于观赏阶段，但部分枝尖长势较差。

压条繁殖特有的“八方根盘”。乍一看感觉状态还行。

这株五针松是八房品种中的‘九重’，整体看上去似乎没什么问题，但部分芽没有正常生长、叶短且疏松。这并非是叶枯病等疾病，很有可能是由根腐烂等引起的，浇水不足出现缺水现象，或是用土不好中心位置板结，导致水分无法渗透。总之，须尽快将树从盆钵中取出，查看根系的状况。

与普通五针松相比，‘九重’的芽萌发较早，移栽适宜期是 3—4 月，这时新芽泛有光泽，芽开始萌发。其根部和普通的五针松大同小异。由于是八房中多芽型的植株，所以不存在不能深切树根，或者清理掉很多土壤就会很危险的情况。反之，较普通五针松适宜清理掉更多的土壤、修剪更多的树根。

①从根盘向四周扒开表土，小根连带旧土一起落下。可见根系受损相当严重。

②从盆钵中拔出后发现用土的颗粒碎裂，未保持原形。可判断土壤已变成黏质土壤，透水性变差。

叶枯病的元凶是板结的土壤

③边疏松土壤边检查，发现正面和背面的根之间的土壤已经板结。这是引起树势变弱的元凶。结块的旧土并不是赤玉土，而是鹿沼土和皋月用土的混合土。可能是长期未进行移栽，土壤松散坍塌后板结。

尽早处理根系的生理障害

台土内部板结后透水性变差，所以必须要分数次更换用土。这一操作在盆栽相关的书籍中都有讲解，但实际操作起来需要一定的勇气。特别是常年栽植于盆钵中的古木，唯恐“误伤”植株而迟迟难以下手。但若放任不管，一方面状况会恶化，另一方面树势变弱更难以操作，再加上树势本身也会难以恢复，状况将更加严峻。在症状没有那么严重的时候尽早处理可以避免严重受损，早发现，早处理。

④只疏松清理了正面的土壤。一次性清理太多容易危及树的生长，所以此次就进行到这里。

部分更换台土，促进小根萌发

⑤根处理后。

①疏松清理了部分台土，仅剪掉部分长势强的根。

②这次修整中剪除的根量。从树的大小来看剪除的根量相当少。

③根去除的部分容易出现空隙，所以要仔细填补空隙。

④土配比同第 P45 页，但为促使小根萌发，选用了颗粒较细的用土。

⑤移栽结束。

长期未移栽的盆景根处理实例

移栽日 3月12日
爱知县丰桥市

案例 1

优先考虑减轻树木负担的根处理

树高 77 cm。移栽前正面。

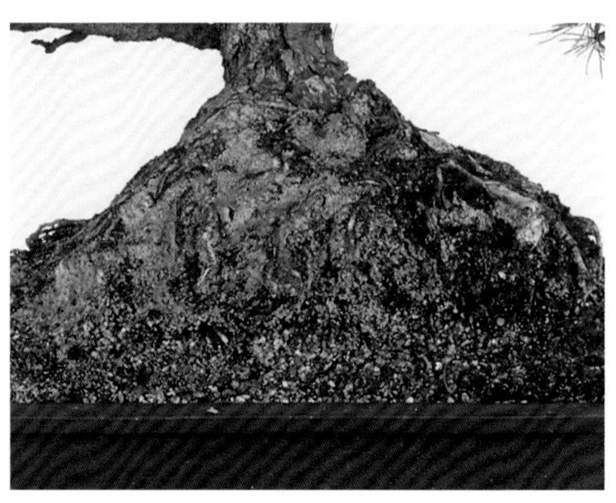

表土板结，根盘突起长出土表。长期没有移栽，根系交错生长填满盆钵，没有生长空间只能长出土表。

这棵五针松根盘部分高高突起，整棵树像是快要被挤出盆钵一样。再加上土壤表面也布满了苔藓，可以看出这棵树已经很长时间没有移栽过了。用手指触摸表土，果然是硬的。估计大概有 20 年没有移栽了。

生长在高山上的五针松不喜过涝，且能从针叶中吸收水分，属于比较耐旱的树种。然而此时的状况十分不利于植株的培养和生长。缺少侧芽，枝条枯萎，叶色暗淡，这些仿佛都在控诉着养护环境的恶劣。

从盆钵中拔出根系，清理后在缠绕的树根中发现了旧的防虫网。这大概是由于之前的移栽并没有剪除根系，只是更换了用土。从树目前的状态来看，不能强行处理根系，但急需进行必要的处理以恢复良好的养护环境。

整理填满盆钵的根系

①土壤板结，植株很难拔出来。先用镰刀插入盆钵的内壁，将根切断。

②从盆钵中拔出后。根系重叠了多层，底部几乎没有土，长长的树根相互缠绕。

③疏松整理底部缠绕的树根。有很多已枯萎腐烂的根，在清理的过程中可以直接切除。

④处理底部根的同时，将侧面缠绕在一起的根也解开，不少台土颗粒已变成粉状，但发黑的根依然缠绕在一起。

⑤在梳理侧面根的过程中，发现了埋没在其中的旧防虫网。可能是过去移栽时没有修剪根部就直接栽种而残留下来的。

⑥底部缠绕在一起的树根，将这些根放入原来的盆钵中根本塞不下。且多数都是没有活力的弱根。

处理失去活力的根

①剪除延伸于外周的弱根，然后松散梳理根系。

②须根尽量留下，主要剪去枯根。

③第一阶段根处理后。盆钵内的大部分根被去除，只保留了露出盆钵的部分。

④从底面观看。枯弱的树根都被剪除，有活力的根留下且尽量留长，以减轻对树造成的负担。

⑤正面的粗根（圆圈部分）已失去活力，且周围的树根生长旺盛，所以将这一粗根全部切除。这次操作主要是清理不要的根，以促进新根的生长，台土在后面的移栽中慢慢更换。

为促使新根萌发，将树移栽至较大的盆钵中

①为促进根的生长，将树移栽至较大的盆钵中。用木棍矫正根的生长姿态和方向。

②仔细确认栽植的高度和角度后，固定树木。

③用土是由赤玉土和桐生砂按 6 : 4 的比例配制而成的。用略微粗大的颗粒，保证良好的排水性能，以促进根的生长。

④移栽结束。

案例2

矫正根盘的根处理

案例2的植株与上页素材一样，底部高高地向上隆起，看样子像是有20多年都没有进行移栽了。只不过与先前的那株相比，这株树小枝繁多茂盛、树势也好些。

操作者将树从盆钵中拔出后检查了底根的状态，发现底部的树根发达。若保留这些底根，上层树根将无法充分发育生长。所以借这次移栽的机会，将这些根彻底修理一遍。

树高 65 cm。移栽前正面。

从盆钵中拔出后的样子。与上页的五针松相同，这株树的根系也是多层重叠，且底部没有土。

检查根的生长状态，解开缠绕的小根

①用耙子将底部缠绕的根解开。果然在其中发现了旧防虫网。

②为避免损伤上层树根，用竹筷疏松上层土壤。发现有很多棒状根，但小根很少。

③检查底面的根后剪除枯根。底部留有很多树根，可见根处理得不充分。

底部根妨碍上层根的生长，用刀大胆将其切除。

此外，将生长位置不好的上层根和小根少的根全部剪除。

底层根处理的前后变化

①第一阶段的根处理结束后。一般到这个程度就基本完成了，然后将重点放在促使小根萌发上，待小根生长充实后再开展矫正上层根的操作。

②底根剪短后。台土完全被清除，底根也被处理得很干净。这项高强度操作原本在培育阶段就应该完成了。

③第一阶段的根处理结束后（底面）。去除枯根，健康的根留长，一般情况下这样就够了。

④底根剪短后（底面）。和杂木类树木的移栽一样，将正中间位置的底根彻底剪除。

若条件满足，专家会将根处理到这种程度！

预想好新的栽种位置，然后将妨碍操作的上层根整条切除，操作结束。将根缩短到这种程度会加大树的负担，同时也存在树枯死的危险。这是在操作后能对树进行完善的后续管理的专家才能进行的操作，是为了能在短时间内取得所需的效果。爱好者们没有必要冒这种风险。

以“完善的后续管理”为前提的移栽操作

此处介绍的移栽操作较为特殊，伴有引发植株枯死的危险性。一次移栽便矫正根的生长姿态，虽方便易行，专家也是在清楚其中的危险性的前提下进行操作，但还是需要满足一些条件。

首先，需要考虑树能否承受这样的操作；其次，还要考虑移栽后是否能进行全面的后续管理。

操作在 3 月中旬这一移栽适宜期进行。虽然此后气温会逐渐稳定，但偶尔还会出现气温低于 5℃的情况。在这种气温环境下我们需要对树进行精心照顾，将其搬进室内养护，待日间气温回升后再放置于养护台架上予以管理。

此外，浇水也要注意。移栽后，树的吸水能力会下降，若将根系缩短到这种程度，吸水会更加缓慢。“盆土变干再浇水”。这是浇水的铁律。所以，要观察盆钵内土壤的湿度及变化。另外，叶色等树的细微变化也不能放过。在适当的时机浇水，必要时可往针叶上喷水。这种养护管理即使对于能经常观察树木的专家来讲也绝非易事，所以不推荐给爱好者们。请观看专家的操作实例，进行安全的阶段性根处理操作。

台土清理干净，用木棍来固定树木。可扩大根的生长范围。

用竹筷将土填满根系空隙。存在空隙的话无法萌发小根，所以要认真操作。

移栽结束。用土是由赤玉土和桐生砂按 6:4 的比例配制而成的，选用颗粒较粗的土壤。

高强度改造之后树木的移栽实例

改造日 3月26日
栃木县那须盐原市

改造前。树高 90 cm。

改造后。树高 71 cm。剪短了左下方的突枝，树冠部被大幅右向挪动，进行了轮廓塑造。

这株五针松根部的舍利和几处神枝彰显粗犷奔放的气质。为充分发挥这一魅力，操作者切断了向左伸展的突枝，接着将左偏的树冠向右牵引，大致整理好轮廓。牵引树冠时采用的拿弯粗干等高强度操作，对树来说负担很大，整姿后需先好好培育一段时间，待树势恢复后再进行移栽。

使用草绳拿弯树干

从左侧观看。要拿弯这样的枯木，还是这么老的古木，负担之大可想而知。

考虑树木负担的移栽方法

①将树从盆钵中拔出来，由于树太大，拔起来很费力。

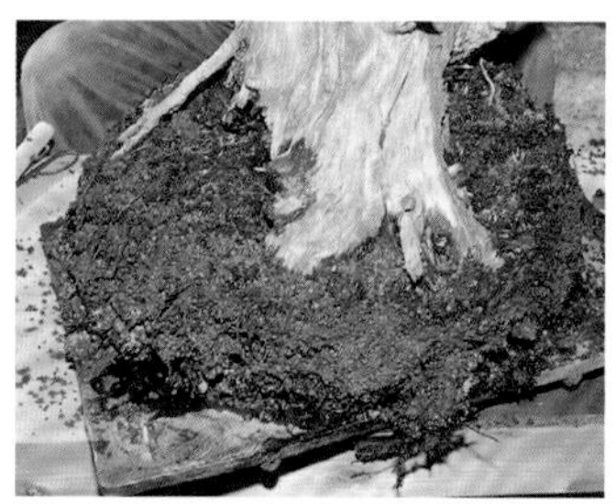
②从盆钵中拔出后检查根的生长状态。用土似乎有些问题，小根也没有那么繁茂丰满。

③从四周及表面开始疏松土壤。使用竹筷，小心操作，避免伤害到上层根。

④在上层根少的部位发现的根。根很细，若想制作成“八方根盘”，要慎重处理这些细根。

⑤发现剪过粗根留下的痕迹。想再剪短一些，但固定树木时似乎还用得到，因而这次先保留。

⑥疏松底部，看到有过长的根，应当剪去。这次先只剪根尖，将根留长。

根处理结束。旧土都被清理干净，但树根大多未被切除，而是做了留长处理。这次操作的目的是更换用土，从而促使细根生长，树势恢复。下次移栽时再进行根系的修整。

用土的准备和移栽

①先铺上颗粒大的土壤，再在上面铺上混合土。主要的混合土是由赤玉土、桐生砂和轻石以等比例配制而成的。

②在混合土上放好树，检查根系的摆放情况，长根可卷起来放入盆钵中。

③栽植位置确定后再加土。为使树的底部和土壤之间不留空隙，一边摇晃树，一边加土。

④为了突出底部舍利部分的艺术感，这次的栽植位置稍微高一些。

⑤仔细检查正面及栽植的角度、高度等。如有差错会对之后的整姿造成影响。

矫正延伸方向不佳的粗根

在处理根的时候，操作者留意到了左侧的粗根。粗根的生长位置高且伸展笔直，延伸方向也不好。本想直接切除，但因其小根众多，姑且算是“有用”的根，也考虑到尽量不给树增加负担，所以这次移栽不予切除。但是放任不管的话有损美观，因而进行了定向矫正，使其朝着根脚附近延伸。

①用草绳缠绕底部左侧长出的粗根。

②一直缠绕至有小根的地方，尽量绑紧，这样拿弯时可减轻根的负担。

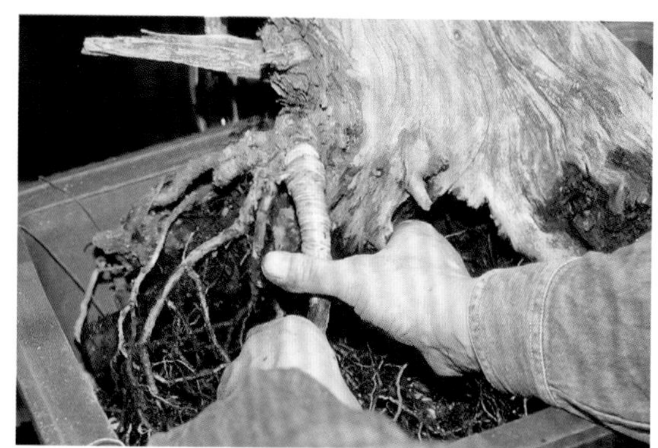

③缠绕结束。根要往内侧牵引，用手移动粗根，确认施力位置。

将粗根拉拽至根脚

①将缠绕粗根的草绳穿过树底。

②草绳穿过树底到达对面后，缓慢地拉拽草绳使粗根向根脚靠拢。

③粗根移动到理想位置后，将草绳系在根脚的神枝上加以固定。

矫正后。原来远离主干的粗根拉近至根脚后，外形看上去好多了。也可用金属丝进行整姿，但草绳更灵活柔软，且能自然腐烂，不会扎入根中，对根的伤害也较小。

防止树木晃动的固定法

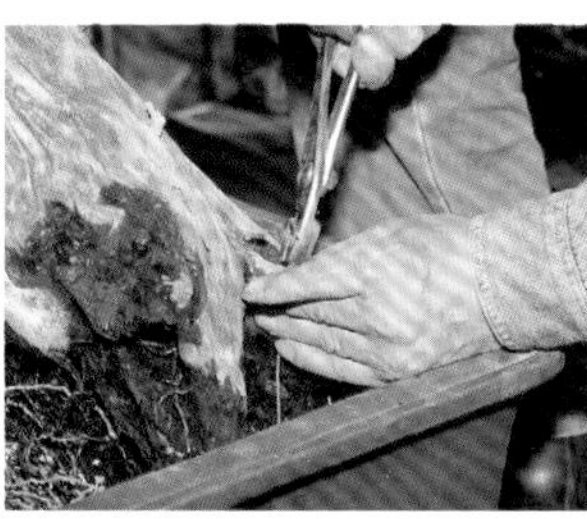

①将粗根的切口处固定在盆钵的边沿，用金属丝绑紧。

②这里利用剪切的粗根进行固定，但此处离盆钵边沿还有些距离，所以插入木棍以防止晃动。

③此外，在盆钵边沿和主干之间插入竹棍，利用其韧性来支撑树木。

④在另一侧也以同样的方式插入竹棍，这样树就不会晃动了。

⑤树固定后，放入用土，用竹筷将土拨入缝隙中。

⑥根留长后容易与土之间产生空隙，有空隙小根不易生长，所以要仔细填满这些空隙。

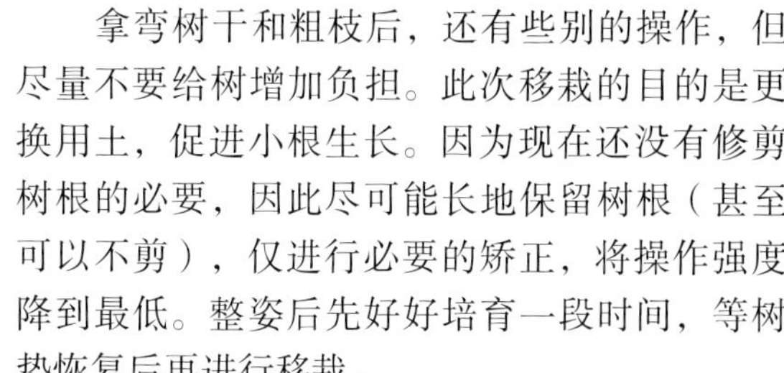

拿弯树干和粗枝后，还有些别的操作，但尽量不要给树增加负担。此次移栽的目的是更换用土，促进小根生长。因为现在还没有修剪树根的必要，因此尽可能长地保留树根（甚至可以不剪），仅进行必要的矫正，将操作强度降到最低。整姿后先好好培育一段时间，等树势恢复后再进行移栽。

⑦移栽结束后浇水，此次操作便完成了。这次浇水是为了冲掉盆钵内的微小颗粒，所以浇水要浇至盆底小洞流出干净水为止。

移栽结束。树高 68 cm。

专　栏

五针松盆景的用土

盆景浇水的基本原则是“见干即浇”。若用土一直保持湿润状态会引发根系腐烂等生理障害。这点不仅适用于五针松，其他树种也是如此，但五针松尤其不耐湿。譬如黑松和红松，在夏季时会剪掉新芽以促进芽的二次萌发，所以要进行多肥、多水的养护管理，可这并不适于五针松。多肥、多水很容易导致五针松新芽或叶子过长，甚至造成根系腐烂等问题。长期处于完全干燥状态则另当别论，在稍微干燥的状况下进行养护效果会更好。

用土最好选用早上浇水晚上就能干的配制混合土。塑造树型、枝条生长的阶段，宜按照赤玉土：桐生砂（或富士砂）=（6 ~ 7）：（3 ~ 4）的标准配制用土，用 3 ~ 5 mm 的略粗颗粒。树进入观赏阶段后，增加赤玉土的比例，颗粒 2 ~ 3 mm 为宜。当然这些仅供参考，请以此用土为标准，在不同的棚场环境或生命周期等条件下进行调节。

用土的主体土壤是赤玉土，推荐使用价格稍贵但品质较高的“硬质赤玉土”。软质赤玉土的颗粒很容易粉化，会导致土壤的透水性能下降。1 ~ 2 年移栽一次的话用土的变化不会很大，但古木 4 ~ 5 年都可能不进行移栽，所以颗粒的硬度对养护方面有着很大的影响。用土的品质与价格往往成正比，所以要选择价格虽高但品质良好的产品。

五针松常用土实例

赤玉土

主用土之一。保水性和透气性优良，养分充足。由于硬度不高，建议选用“硬质赤玉土”。烧成赤玉土硬度超高但排水性过好，难以进行水管理。

桐生砂

一种由火山轻石风化形成的砂或碎石。比赤玉土硬度高、排水性好，和赤玉土混合使用可调节排水性能。

河沙

硬度高、排水性良好，单独使用颗粒细小的河沙保水性会极好。大多情况下河沙只是少量添加用来调节排水性能。

日向土

经过高温杀菌处理的轻石，具有优良的透气性和排水性。颗粒很大，大多用作盆钵垫底石。

用土实例。自左向右依次是大颗粒（15 ~ 20 mm）、一般颗粒（7 ~ 12 mm）、主用土（3 ~ 5 mm）。将颗粒细分，根据排水及养护环境予以调整。

①用土从袋子中倒出来后不要马上使用，一定要先过筛。筛网以 1 mm 的筛眼为标准，再准备两三种其他大小筛眼的筛网。

②用筛子将用土按颗粒大小分类，分别放在容器中保管。颗粒 1 mm（微尘）以下的直接丢弃。

③混合多种用土时，各用土颗粒大小要一致，且充分混合均匀。

④使用前的用土（左）和使用 4 ~ 5 年后的用土（右）。颗粒原来的形状还在。如果是质量不好的用土，可能早已变成粉末了。

养护管理与繁殖篇

即使掌握了剪定、整姿、移栽等操作方法，但若不清楚各项操作的适宜期，那么这些操作的作用就不能充分发挥。只有了解和理解植物的生长周期，才能站在 10 年、20 年的长远角度来规划盆景的未来。

赏玩盆景的乐趣就是花上数十年的时间慢慢培育，使其具备观赏价值。一边规划 10 年、20 年后的树姿，一边踏踏实实地做好现在该做的工作。

另外，树姿修整好后，维持树姿的过程也很有趣，但从播种到培育出盆景，这种从无到有的过程也值得品味。采摘野生种子在某些国家是禁止的，可从市场上购买种子，挑战一下从播种到成形的过程吧！

五针松修枝基础

全年操作周期表 & 养护管理手册

五针松与黑松不同，并不需要进行剪掉新芽以促进二次萌发的“切芽”处理，而是直接用春天长出的新梢进行培育。由于五针松的树干枝条中间很难长芽，在不适当的时机进行摘芽、修叶、剪枝等操作，会导致节间变短，枝棚制作的难度也会加大。本章简要介绍五针松的全年操作流程。让我们再次确认全年操作时间和养护管理的基础知识吧。

3月中旬至4月上旬 移栽

移栽的适宜期为出芽前的3月中旬至4月上旬。幼树一般2 ~ 3年移栽1次，维持阶段的老树每4 ~ 5年移栽1次为宜，但若出现用土颗粒粉化、表土被污染等导致透水性下降的情况，则须提早进行移栽。通常的移栽，操作后可直接放回养护台架上进行养护管理。

错过春季操作适宜期的植株也可在夏季进行移栽。夏季的移栽宜在8月下旬到9月实施。亚高山性的五针松在夏季气温过高时会暂时停止生命活动进入休眠状态，即进入到与春季相同的状态，这就解释了为什么夏季也能够进行移栽。话虽如此，但根系的生长是有周期的，夏季尽量避免实施像春季那样高强度的根系梳理。操作后可以直接放回养护台架上进行养护管理。

移栽的适宜期在新芽即将萌发之前。如果不需要像春季那样进行高强度的根系梳理，那么在暂时进入休眠期的夏季或秋季也能移栽。

4月中旬至5月 摘芽

摘芽的适宜期是在新芽长出，即将展叶之前的4月中旬至5月。

五针松的摘芽，不似黑松的切芽或杂木类树木的摘芽和剔叶那般以促使二次芽萌发为目的。若新芽长出后一直不予管理，则会长成节间距过长的枝，所以摘芽的目的是抑制芽生长，从而形成并维持短节间的枝。春季长出的新芽生长到足够长后，将前端剪下，抑制其继续生长。摘芽的最佳时期是新芽芽轴伸长而叶微微张开之时。新芽尚嫩时，用小钳子就能摘芽，但用剪刀将芽一个个剪掉会更加安全。

摘芽的位置会根据新芽的强弱及完成的轮廓而改变。强壮的芽可以多剪一点，弱的芽剪前端即可。另外，要想枝条数量增多或生长较短，则没必要进行摘芽。

摘芽的方法

①新芽开始抽长展叶时是摘芽的适宜期。

②这种程度用手指也能折断，但使用剪刀会更加安全。

③摘芽后。想要枝条增粗或生长较短时无须摘芽。

确认摘芽的位置

手持新芽，结合枝群的轮廓来决定摘芽的位置。

保持轮廓的摘芽

要使枝条生长较短则无须摘芽，但若想突出轮廓，则要剪短。

8月中下旬　剪老叶

五针松的叶若不进行修剪，枝上的老叶会残留很久。除当年长出的新叶和上一年的叶外，还留有前年以及大前年的叶，到了夏季会变得非常杂乱。8月下旬，大部分前年的老叶变赤褐色后会自然凋落，但是若不希望枝数众多形成簇群，则须尽早将老叶摘掉。

① 8月过后，枝腋附近的前年叶会变成赤褐色。

②剪去老叶后。虽然也可以等待其自然凋落，但由于是不需要的老叶，还是尽早修剪，以改善培养条件比较好。

8—11月　剪叶及徒长枝的修剪

这里说的需要修剪的树叶是指上一年的叶子。前年的叶子已经脱落，但去年的叶子仍有活力，考虑到树的长势，保留老叶会更好。

金属丝蟠扎之前要进行老叶修剪。若保留老叶，金属丝蟠扎则无法顺利进行。因此要修剪老叶，整理枝根，再进行金属丝蟠扎。不过，对于存在极弱的芽的植株来说，可不修剪老叶，根据芽的强弱来调整修剪老叶的数量，这点是很重要的。剪叶的同时还要将过长的枝条修剪掉。

徒长枝的修剪

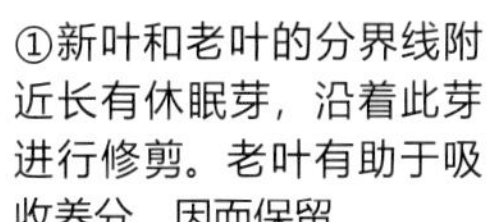
①新叶和老叶的分界线附近长有休眠芽，沿着此芽进行修剪。老叶有助于吸收养分，因而保留。

②长势强但徒长的枝群。将前年的叶子修剪干净后就很容易看出节间距离。如果放任不管的话还会长长。

修剪老叶的方法

①剪掉老叶前。仔细观察发现似乎还残留有前年的老叶。这种情况下枝群混杂，枝叶内侧空气无法流通，会产生水蒸气。

②先将前年的老叶全部剪掉，再修剪去年的老叶。不过，并非剪掉全部老叶，根据芽的长势可保留一部分。

③老叶修剪后。由于老叶牢固地长在枝条上，用手指摘除会剥掉树皮。可沿着生长的方向拽掉或者用剪刀将针叶一个个剪掉。

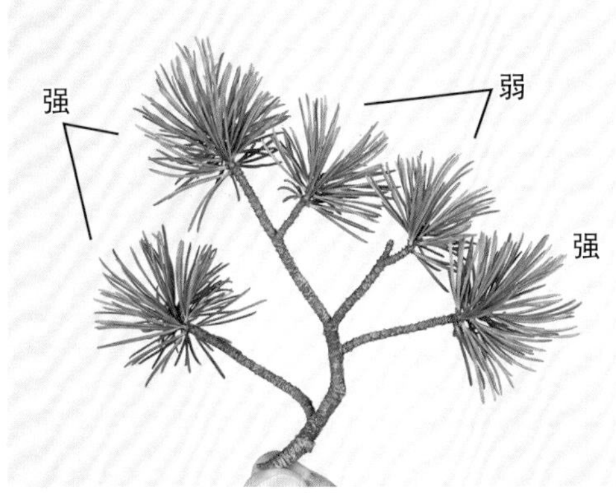

剪老叶前枝群的状态。尽管枝条上的芽生长状态很均衡，但是与外侧的三簇芽相比，中间的两簇芽略弱。

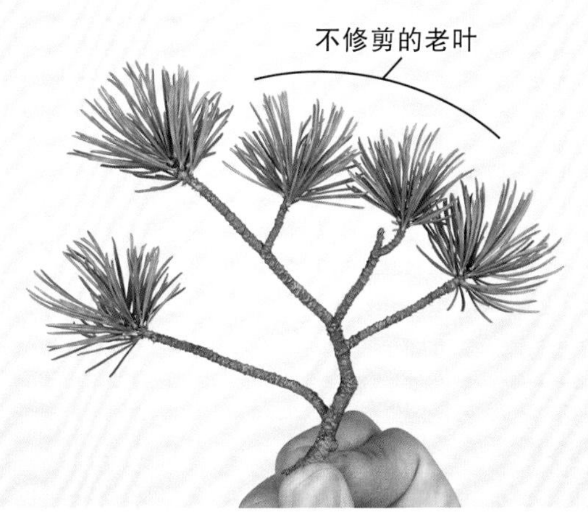

老叶修剪后。修剪了左侧两簇和右侧一簇长势较强的芽，剩下的两簇芽未进行修剪。虽然仅有些许的差别，但是不做切芽等处理的五针松正是通过这些细致的操作来保护脆弱的芽的。

金属丝整姿的主要目的是修整树形轮廓和改善养护环境。通过修剪并整理强枝、长枝及多根枝聚集的部位，矫正枝条的伸展方向，修整枝棚轮廓，均匀分配小枝，从而改善日照及通风等养护环境。修剪枝尖及金属丝整姿这类强度小的操作，除春季外的任何时候都可以实施，因为在新芽抽长的活动期进行操作，很可能会损伤芽头，因此最好在秋季休眠期进行操作。

剪枝的痕迹要削平整，涂抹愈合剂后进行养护管理。大的痕迹可以雕琢成神枝，小的伤口让其慢慢恢复，这样看起来不会那么明显。

金属丝整姿实例

改造前。针叶繁茂密集，轮廓也散乱。这样下去不仅仅是外观不佳，就连养护环境也不容乐观。

剪枝、整姿后。修剪枝群并摘掉老叶后进行金属丝整姿。通过扩展枝梢来改善养护条件。

修剪枝条实例

从根部切除冗长枝

①多根枝条聚集生长在同一部位。

②切除枝根处没有生长迹象的粗枝。留下的部分等枯萎后做成神枝。

修剪粗枝

①枝条与主干粗度相当，笔直伸展、缺乏变化。

②在细枝分叉处剪掉粗枝。留下的细枝条作为新的枝条。

维持轮廓的修剪

①枝尖长势好，若不处理会生长过长，从小芽附近剪去。

②如果想让枝条重新生长，就再往内侧移动，稍微多剪一点。

五针松全年操作周期表

	3月	4月	5月	6月	7月	8月	9月	10月	11月	12月	次年1月	次年2月
移栽	■	■				■	■					
摘芽		■	■									
剪叶						■	■	■	■			
剪定	■					■	■	■	■	■	■	■
金属丝整姿	■						■	■	■			■
施肥		■	■	■		■	■	■				
消毒		■	■	■	■	■	■	■	■	■ 冬季消毒		

养护场所及管理

五针松与其他松柏类树木一样喜阳，因此全年都应放在阳光充足、通风良好的养护台架上进行管理。即使日照时间不长，树木也会生长发育，但是阳光不足，植株可能会因无法获得充足的能量而导致针叶纤细柔弱。五针松叶以短而健壮为美，为了保持这一叶性，一定要确保环境干燥、阳光充足、通风良好。

五针松耐寒性良好，因此除严冬外没必要拿入室内进行养护。只是在秋季进行改造等增加树木负担的情况下，可能有枝条枯萎的危险，应搬入室内予以保护。

同时，五针松也具备较好的耐热性，所以夏季如果浇水到位，放在养护台架上管理也无大碍。但是，近年受温室效应的影响，夏季平均气温上升，夏季针叶枯焦、植株被灼伤的案例不断增加。五针松原本是生长于亚高山地带凉爽环境的树种，所以夏季日照强烈的中午，最好用遮阳网将其保护起来。

理想场棚示例。空有适当的间隔，摆放于阳光充足、通风良好的养护台架上。按照植株的大小和种类进行分类、浇水等管理会很方便。

五针松具备耐热性，但是近年夏日持续高温，所以在夏季最好将其置于遮阳网下管理。

冬季场棚示例。大多数树种都被放置在保护室内，但五针松具有良好的耐寒性，所以即使在户外进行管理也足以越冬。

培肥

五针松主要使用以油渣为主的固体肥料（玉肥）。玉肥为有机质肥，在土壤中分解成无机物后，可作为养分被吸收，有长效、稳定的效果。不仅适用于五针松，也适用于其他盆景。

强培肥后，叶会长得很长，所以老树一般不进行培肥。如果想让幼树增粗生长，从新芽萌发开始一点点进行培肥。进入维持树形阶段的老树，尽量避开春季培肥。专业人士一般从梅雨期结束或针叶定型后开始施肥，肥料分量也以少于黑松的一半为宜。

玉肥为有机肥料。浇水时肥料溶解渗入盆内，属于缓释型肥料，肥力持久稳定，适合用于盆景养护。

玉肥 30 ~ 40 天须更换一次。玉肥变质了会污染表土，使透水性变差，所以玉肥一旦变干就要尽快更换。

浇水

与培肥一样，五针松的浇水量也比黑松少。少浇水是养护基本要点之一，当然这里指的是次数少，每次浇水至盆底小洞流出水为止。

浇水的次数一般情况下，夏季黑松是每日三四次，五针松每日两次；春秋季节黑松每日两次，五针松每日一次。五针松若与黑松浇同样多的水，其芽和叶就会长得很长，这样树形轮廓就很难维持。黑松需要切芽，可通过多肥、多水的方法进行积极的肥培管理，此培养方法并不适合五针松。

浇水的基本原则是“土干即浇”。事先调节好用土的配比也很重要。

浇水不要从树冠部往下，应从根部土表浇灌，使水充分渗入盆内。并且要在根部前后左右所有的方向进行浇水。

消毒的基本方法和主要病虫害的防治指南

五针松树性强健，对病虫害有较强的抵抗力。保持阳光充足、通风良好且洁净的环境，树长势好的话，不必担心病虫害。

害虫在4—10月活动，恰好与树的活动期重合。在活动期每月喷洒杀菌剂一两次，以抑制病虫害的发生。由于杀虫剂很可能会将害虫的天敌一起消灭，所以等发现害虫后再喷洒有效药剂，或者使用颗粒状的药剂。早发现、早处理是防治病虫害的基本对策。每天观察针叶颜色的变化，查看是否有被食害的痕迹，不要忽略虫子的存在。

消除休眠期以卵或幼虫的形式越冬的害虫或病原菌最好的方法就是进行消毒。冬季消毒最有效的药剂是石灰硫黄合剂，12月至次年2月可进行20 ~ 40倍的高浓度消毒。若石灰硫黄合剂不好购买，可推荐使用杀菌、杀虫双效的胺磺铜。

介壳虫的防治方法

介壳虫最大的特征是拥有坚硬的外壳，寄生在树干及枝条上纹丝不动。可能大家都看到过附着于枝干上的白色棉状物体，那就是介壳虫。它们寄生于枝干上吸食树汁，阻害了植株的生长发育，大量爆发还会导致枝条枯萎等。

这种害虫难以对付之处在于它背上有壳，即使喷洒药剂也很难伤害到虫子的肉体，无法发挥药效。如果虫子躲在壳内，除了用刷子将其刷掉之外别无他法。幼虫在5月中旬至7月会爬出壳外，这是唯一的有效期。此外，5月至初夏也是介壳虫的产卵期，此时喷洒药剂，还可抑制成虫产卵，从而抑制害虫的繁殖。喷洒的药剂中加入有机磷类的药剂，对成虫和幼虫都能起作用。

介壳虫。

蚜虫与蚂蚁共生。

其他主要病虫害及防治

病虫害	说明	病虫害	说明
煤污病	◆发病期为4—10月。像煤烟一样的白色霉菌附着于叶面及枝梢、树干上，形成圆形或不规则状的斑点。之后慢慢扩散，至整个叶面都布满煤烟状的霉点。喷洒有效药剂虽能起到杀菌效果，但是若不同时驱除引发煤污病的害虫（蚜虫、介壳虫），则很容易复发。	蚜虫	◆发病期为4—10月。数十、数百只体长1 ~ 3 mm的蚜虫聚集寄生在新梢或叶子背面吸食植物汁液。一经发现立刻喷洒有效药剂予以驱除，喷雾剂类型的药剂比较有效。由于蚂蚁喜好蚜虫分泌的体液，所以在发现大量蚂蚁时可怀疑有蚜虫的存在。马拉硫磷、杀螟松等可有效防治。
锈病	◆频发于春季。产生多个橙黄色或铁锈色的稍稍隆起的小斑点，进一步恶化可在枝上形成瘤状物。在发病期前喷洒药剂可以起到预防效果，同时远离病菌的中间宿主圆柏、桧柏进行管理。	叶螨	◆发病期为4—10月，夏季频发。叶面上出现白色斑点，随后整个叶面都变白褪色。在叶色变化时可以检查是否有叶螨。由于杀虫剂对其无效，发现后须使用专用的杀叶螨剂应对该虫害。在春季和7月喷洒对虫卵及幼虫有效的药剂能够抑制其爆发。
叶枯病	◆夏季7月左右针叶上出现的黄色病斑，降雨后病斑会蔓延扩大。	叶蜂类害虫	◆发病期为4—10月。体长1 ~ 2 cm的青虫状幼虫食害树叶。虫子大量出现能在短期内将树叶完全蚕食。植株活动期间会重复发生两三次。由于此虫经常食害春季的新芽，这个时期一旦发现食害痕迹，须立刻喷洒有效药剂进行防治。马拉硫磷等可有效应对此类虫害。

从零开始制作盆景

五针松繁殖技术基础指南

市售的形形色色的树种。

五针松的种子。播种前在水中浸泡 24 小时。只选取下沉的种子进行播撒。

实生繁殖法

实生繁殖适宜在 3 月中旬至 4 月上旬进行。将培养五针松的用土作为播种床，留出适当的间隔，一粒一粒均匀播撒种子。播种后放置在阳光充足的场所，加强养护管理，定期浇水，避免种子干燥。早晚下霜的地区，可将其置于屋檐下或搬入室内进行管理。五针松发芽率较高，顺利的话在 5—6 月应该就能发芽。

五针松的自然保护区内禁止采收种子，不要擅自采收。市面上有可售的五针松种子，种子往往被细分后再销售于市面上，大家可以入手商品化的种子进行播种繁殖。

播种方法

覆盖一层大颗粒土后，再在上面铺上普通用土作为播种床土。播种时留出间隔，防止种子发芽后生长混乱（图片中的种子为其他树种）。

播种的种子不要露出土表，在上面铺上土，将种子盖住。覆盖在上面的土要比主用土的颗粒细。

实生苗扦插繁殖的方法

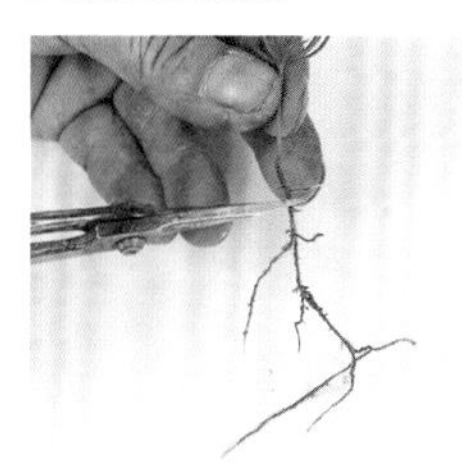
①播种 1 ~ 2 年后的实生苗。直根长得很长。

②保留小根，剪短直根。若剪短到胚轴部分则要涂抹生根剂。

③根处理后的苗，重新准备扦插床进行扦插。用土可以使用和普通五针松相同的土。

④扦插前用筷子戳几个小孔，这样就无须担心损伤切口及剩下的弱根。

⑤扦插后，在其周围轻轻地覆盖上用土，以确保插穗稳定不晃动。

⑥留出间隔，均匀扦插。这个阶段也可一株一株地将其插入小花盆中。

4 年实生苗。在生长至第 3 年时将其一株株移栽至新的盆钵中。这时叶性开始分明，可开始培肥。

9 年实生苗。为了让树干长得更粗壮，暂不对其进行处理，保留枝群使其任意生长。这一阶段可以修枝整形。

11 年实生苗。可以看出盆景的轮廓。对树干实施金属丝整姿，根据最终造型的大小进行调整，若是小品盆景则要尽早，大树型盆景则可移栽至宽大的盆钵中让树继续生长。按照计划一步步来，应该可以做出无大伤痕、枝条形态理想的盆景。

芽接

芽接原本是以繁殖为目的的操作，也可灵活运用于无法萌发不定芽的五针松中，起到改善枝条节间较长或是叶性不佳等的作用。芽接应用范围广，请务必掌握。

芽接的操作适宜期是2月中旬至3月下旬，即新芽萌发之前。接穗萌芽的话就代表已经成活，嫁接2～3个月后可以摘下保护用的塑料袋。

提高芽接成活率的要点：①砧木（被接的树木）树势良好；②接穗选取叶短且健康的枝条；③将接合部位固定好，不要有松动；④接穗要保持湿润。芽接后将植株放置在吹不到风的屋檐下进行管理。摘塑料袋时，先打开一个小口，让其慢慢接触外面的空气，待适应外部环境后再全部摘除。

尽量选取叶性良好的枝条（左）进行接穗。避免使用长势不良的（中）以及针叶歪、叶性不佳的枝条（右）。

准备接穗

①将剪枝时剪下的无用枝条作为接穗。接穗的好坏对后期的枝条修剪有一定影响，因此要选择节间短且健康的枝条。

②摘掉老叶，再剪掉部分新叶以减少针叶数量。针叶太多的话蒸发量也多，有接穗还没成活就枯萎的可能。

③将接穗放在平滑的台面上，用锋利的刀具在接穗的前端切出斜面。动作要快，这样才不会伤到形成层，可提高成活率。

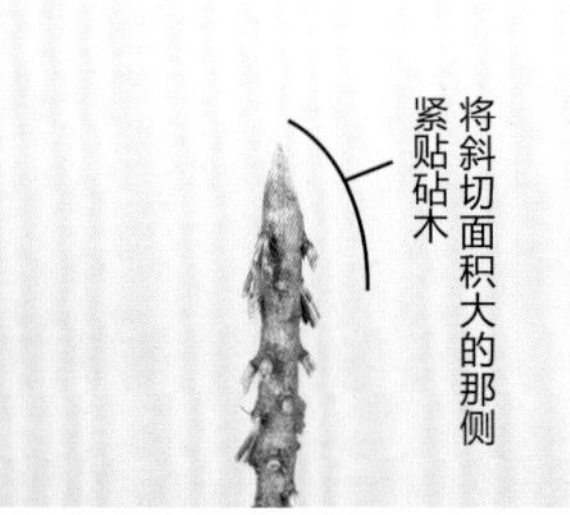

④为使接穗能紧密贴合砧木，将接穗的两侧都切出斜面，秘诀是在切的时候一侧的角度比另一侧更大一点。

芽接的基本方法

①用凿子或刀具在嫁接的位置斜切一刀。为使形成层容易接合，切口的宽度要稍微宽于接穗。

②插入接穗。为使形成层紧密贴合，要将接穗插得深一点，一旦插入就不要再摇晃接穗了。

③插好后，用塑料绳或草绳将接合部位紧紧地固定。

④从绳子的上方开始涂抹愈合剂至接合处。这样可以避免水的渗入。

⑤用愈合剂覆盖整个固定部位后，操作结束。接穗如果晃动不稳的话，成活率会降低，因此，须将其放置在无风处进行养护管理。

⑥如果不用嫁接胶带而用塑料袋来保护接穗，则须在塑料袋中放入湿润的脱脂棉或水苔，然后再在接合部附近封上袋口。

保护接穗的方法

嫁接前套上塑料袋

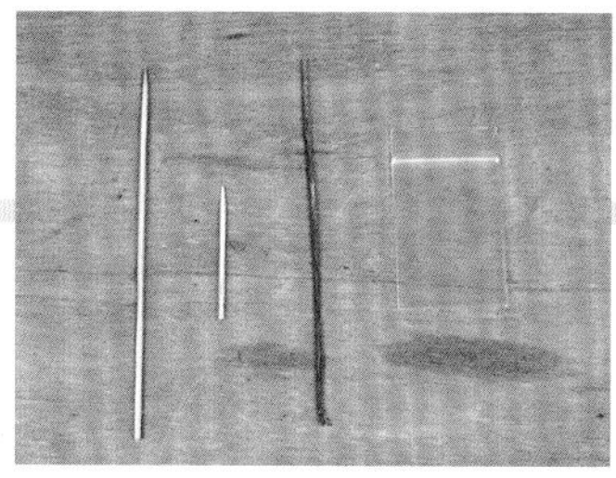
①准备好市售的自封塑料袋和在袋上开口用的竹筷。

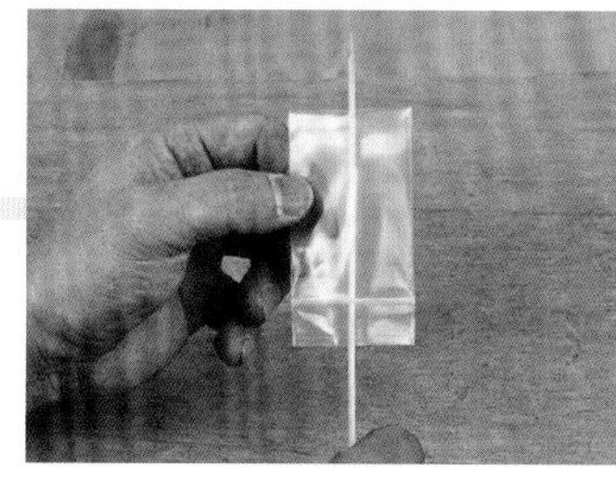
②用竹筷在自封袋底部的中间处戳一个和接穗相同大小的孔。

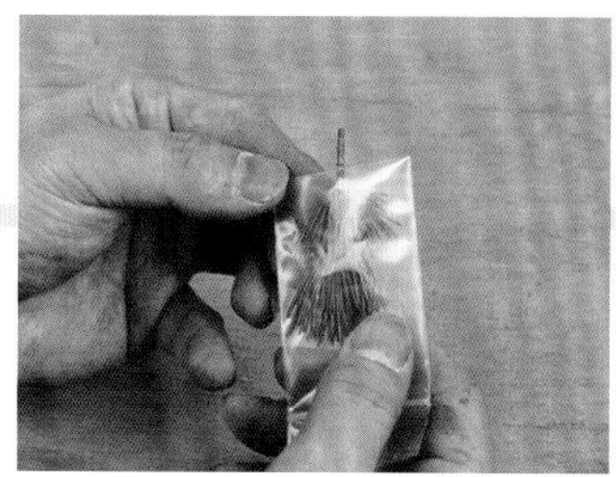
③打开自封袋，将接穗放入袋内并使接穗下部从步骤②开的小孔中穿出。

④将浸水后湿润的水苔放入自封袋内。

⑤封上封条，袋内完全密封。

⑥将接穗放入自封袋后，剪短接穗下部，然后再插进砧木，操作简单、安全。

嫁接专用膜的使用方法

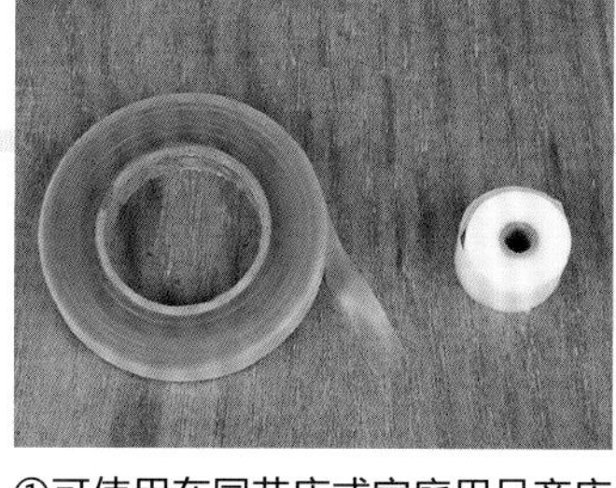
①可使用在园艺店或家庭用品商店售卖的嫁接专用膜。

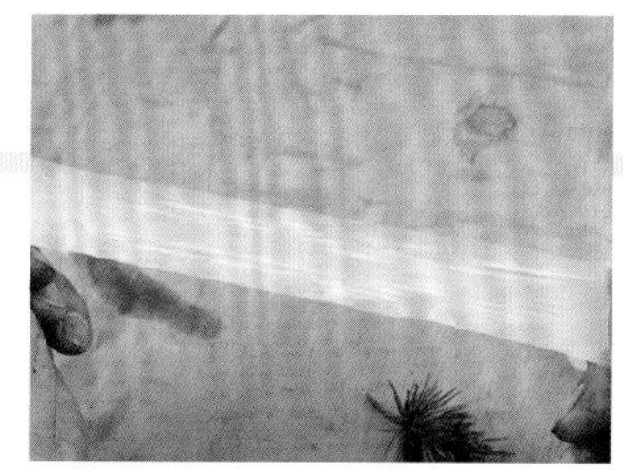
②嫁接膜可拉伸，剪下适当长度后，事先将其拉伸。

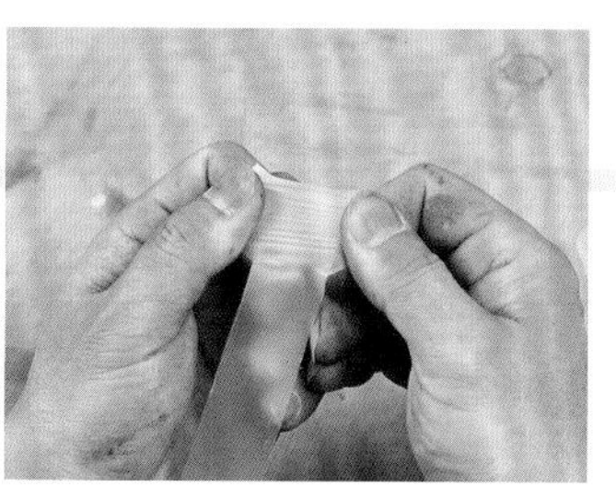
③上下左右均拉伸，这样可绑得更紧，易于操作。

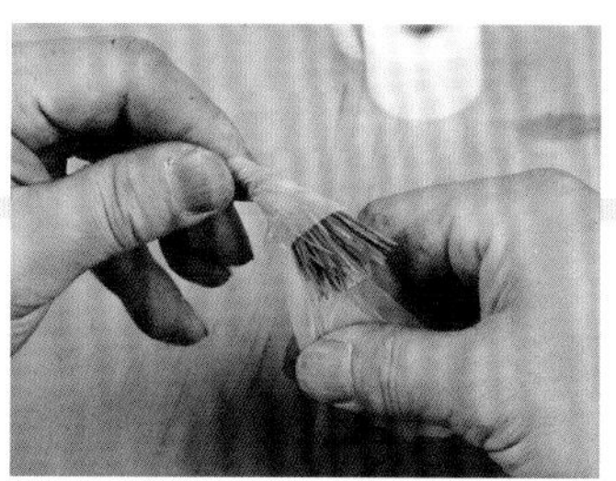
④接穗下部不做处理，从有针叶的地方朝着针叶生长的方向缠绕嫁接膜。

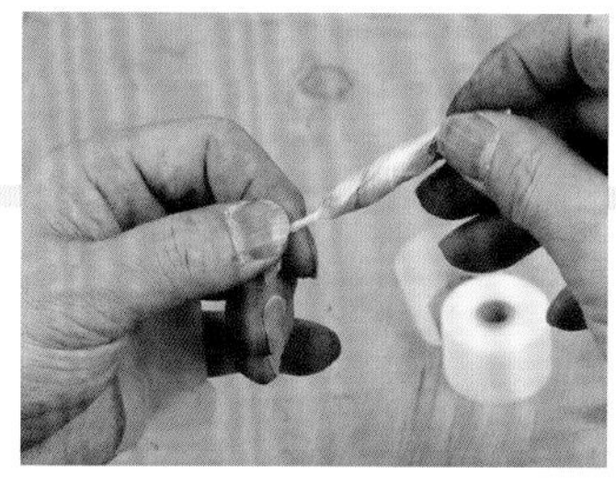
⑤缠绕得紧一些，一直缠到针叶顶端。注意不要扭弯针叶。

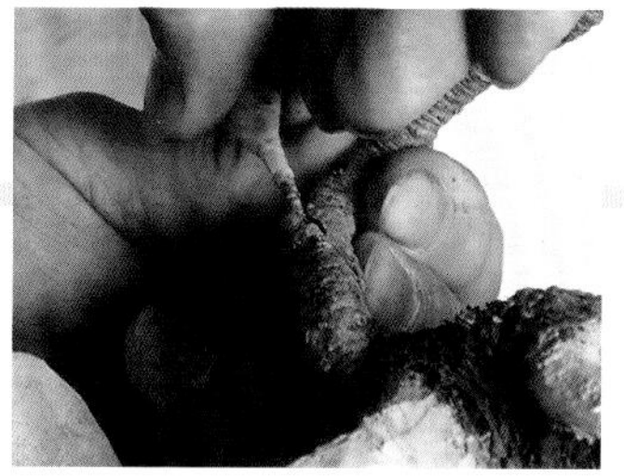
⑥接穗下部要紧密贴合在砧木上，所以不用缠嫁接膜。若接穗成活，接穗会冲破嫁接膜。

若只是在节间长的部分添加枝条的话，接穗可直接作为枝条来用，但是把接穗作为枝芯（树芯）来使用时，任何时候都需要将以前的枝芯（树芯）剪短到接穗的位置。

剪短的最佳时机是嫁接后的第二年初春（3月中旬萌芽前期）。不过若是老树，预计2年左右就可完全剪掉，分两三次慢慢剪短较为安全。

2年前芽接的示例。因为是老树，所以不能一次性就剪短，而是在前一年修剪了枝条的尖端，抑制其生长。

剪枝。最初剪枝时，不要剪到芽接处，而是和芽接处保持一定距离。过一段时间后，再剪到枝根部。

专栏

五针松的名产地与叶性

五针松遍布日本各地，即便是同一树种，产地不同，叶性也会有微妙的差异。根据这些差异及特征，将五针松以“某某产”“某某五针松”命名，可加以区别。

然而，事实上，即使属于同一地区的五针松，其叶性也会因个体而异，存在多种性质。况且，气候、养护环境及管理条件不同，叶性也会有差别，所以叶性不能仅仅由产地来决定，而产地也无优劣之分。若是个体的叶性存在明显差距，通过培养来改变叶性差的素材也是有限度的。五针松的针叶以“短小坚挺粗壮，笔直少弯曲”的形状广受人们喜爱。如果仅是树姿好，叶性差的话，五针松的评分也会降低。所以在购买素材时，不光是要确认产地，还要在其叶性上加以选择。

叶性不佳的示例。针叶生长过长且弯曲。虽然通过水肥管理可使针叶短缩，但是叶性不佳的话很难进行改造，最好不要选择。

吾妻（福岛）五针松

产于福岛县吾妻山脉。产地范围广阔，海拔高度也不同，因此五针松的针叶呈现出不同形状和性质。由于叶性不特定，因此可作为福岛县内五针松的全称。

那须五针松

产于栃木县北部到福岛县的那须岳一带。由于环境恶劣，针叶较短，多爬行生长，当地的直立五针松很有人气。那须五针松多出八房（枝叶较短）品种。

藏王五针松

产于宫城山形县内的奥羽山脉。在山地产五针松中，该处位于最北端。叶性有好有坏，参差不齐。叶性好的五针松广受好评。

阿尔卑斯山五针松

产于阿尔卑斯山脉的五针松的总称。有明山的有明五针松和浅间山的浅间五针松是其代表树种。叶性、树形极佳，受产地限制，数量很少。

四国（石锤山、赤石山）五针松

产于四国的五针松的总称，大致分为石锤山系和赤石山系。五针松的实生最初源自四国，其特征是实生变化小、针叶无弯曲、叶性完美。

同一产地的实生苗也会有差别！

图中都是在相同环境下培育的那须产实生苗，但是叶性各不相同。据说那须五针松很容易发生实生变化，且大多具有八房叶性。

枝芽茂密，拥有八房品种性质的叶性。是实生变化产生的性质，也是那须五针松的特征之一。

攀爬性的叶性。那须五针松中多出现攀爬叶性。攀爬叶性不适宜做盆景，也算不上良好的叶性。

针叶笔直且细密紧致，是那须五针松的代表叶性。

改造实例篇

评价盆景的要点很多，包括根盘及枝干的模样、枝的协调性等。如果素材同时具备这些优良特性，便可称为理想的盆景，不过自然造型的盆景素材若只是追求理想的话未免有些勉强。每株树都有其本身特有的个性及优点，与之相对，也存在一定的缺点。

如何突出素材的优点，淡化其缺点呢？挑战这样难题的整姿操作就是“改造”。尽管日常养护管理也可以提高树格，但是改造能在短时间内直接消除缺点，例如拿弯粗枝干、切断树芯、大幅改变栽植角度等可完全改变树木形象的大规模操作。

缺点突出的素材，改造后树格大幅度提升，这样的案例也常有。让我们通过操作实例来学习钻研素材和消除缺点的方法吧。

绽放潜藏于支干中的艺术光芒

千叶县千叶市

改造前。树高 73 cm，宽幅 97 cm。从旧正面观看。蜿蜒盘旋的根部，平缓伸展的主干是这株素材的看点。

旧正面

从根部观察主干会发现主干由下至上不够匀称，且节间较长。虽然通过改造可以勉强敷衍过去，但是从模样木的角度来讲，绝对算不上是株好素材。

这株素材的前后都可作为观赏面，但是从这一面看，根部到弯曲处之间的线条及走向显得更加流畅。

背面（新正面）

与主干相比，支干姿态各异，极具模样，枝条的粗度、匀称度都很协调。不要只关注主干，支干上也有新的看点。

爬满青苔的根部显出古朴的色调，极具感染力。但现状却是这个充满魅力的根部并没能发挥出它的观赏价值。究竟是选择独具个性的主干还是选择古朴而又感染力强的根部，选择不同，树形构思也会有很大的差异。

此树主干蜿蜒而又向上延伸，独具个性。在此之前这根主干一直被当作此树最值得观赏的部位，保持着模样木的树形。根部的粗度和主干的古韵皆无可挑剔，只要整理一下枝棚即刻就能够打造成可供观赏的样态。

但是，从现在的树形大小来看，根部的粗度与树的高度十分不协调，没有表现出底部的魅力。从根脚的粗度判断，将树的尺寸及针叶轮廓整理至目前大小的一半较为理想，但是如果想要保留主干的魅力，就需要大幅度调整树姿了。

这里就出现了一个疑问。这株树的最佳看点难道真的在主干上吗？再次将目光投向从主干中间长出来的枝条（支干），姿态各异，极具模样，合适的粗度、匀称的线条都十分完美。考虑到盆景的将来，为了表现出这株树隐藏的可能性，切断主干，将背面作为新正面，并仅以支干作为改造的对象。

主干切断后的全貌。主干切断后，支干成为主体，新的树形构思也变得容易。现在的问题是受到切断主干的影响，右侧枝群显得不足。

切断主干后，支干成为主体，树形愈发鲜明，新树形构思中需要改善的问题也都逐渐浮现了出来。

观察切断主干后的树形，原来主干所在的右侧现在几乎没有树枝，呈现出不自然的留白。除此之外，左侧的枝群过度集中，左右两侧不协调也算个问题。

尽管灵活运用现有的枝群布局和根脚的造型可以打造出半悬崖式树形或斜干式树形，但还是希望能够充分表现树干模样细致变化的魅力，重新打造成模样木。因此，先将树按顺时针稍微转动一下，再垫高后侧使树略向前倾，将最能够突出其魅力的角度作为正面，再摸索与模样木相适应的枝群布局。

被切断的主干。

挪动粗枝，制作主枝

改造前。树冠左侧面。对支干进行整姿，几乎使用了所有的枝群来整理树冠。

改造后。树冠左侧面。把原来外侧长势强的枝下拉制作成落枝，用少量枝群分担主枝的任务。

主干切断后的部位制作成了舍利干。不过由于是紧贴树干内侧的舍利干，为了不损害树干的艺术感，对其上下左右都进行了雕刻。但注意，雕刻不要过度。

新的正面更加突出了根脚的魅力和细致的树干模样。

分配现有枝条，改善整体的协调性

将正面里枝方向伸展的枝群制作成落枝或者填补右侧空白的枝。将现有的枝条进行细致的分层布局，塑造出突出树干模样的树姿。

树冠部的整姿

①整姿前树冠部右侧面。树枝数量充足，但这部分一直被当作支干来培育，因此呈现前后膨胀的平面形状。

②粗整姿后树冠部右侧面。将中央位置的小枝作为树芯直立，其他的粗枝作为树冠部的主枝。

③整姿结束树冠部右侧面。整理成了适合树冠的形状。

留出空间，打造充满跃动感的树干造型

①粗整姿结束。略微修整，增加树的跃动感及空间纵深感。注意圆圈内的 A 枝。在向左倾斜的树形中，这根前枝稍向右偏，突出了纵深感，使造型的广度得以扩展。但是这根树枝挡住了树干，为表现细致的树干模样和整体的跃动感，去掉这根枝条似乎更能彰显树的个性。

②为了更加突出树干下部的线条，对树冠下方的树枝布局进行了微调整。将树干左侧的树枝及最下枝作为主枝，剪短，打造凝缩的效果，与此同时，剪掉中间一根枝条打造出层次感。整姿时，不仅要灵活处理切断的主干，还要注意树枝细致布局的趣味。

改造后。树高 52 cm，宽幅 56 cm。左右两侧的针叶轮廓缩小了近一半，新的盆钵也很合适，树姿整体向前，更好地表现出树干的魅力和底部线条的感染力，盆景实现华丽变身。

在整理完所有树枝的布局后，对其进行移栽并调整了角度。幸运的是，此树之前定期进行了移栽和根处理，因此没有出现特别粗或特别长的根。随着角度的调整，有几根树根露出土表，可能会影响其周围小根的养分及水分吸收，故将其从底部切断。结合左右两侧针叶轮廓的大小，将树移栽到与长势相适应的盆钵中。

不过，考虑到切断树干对树造成的负担极大，如果对后期管理没有信心，可以将切断树根和移栽放在第二年进行，这一点请不要忘记。

正是这些灵活的想法和决断，以及对树木隐藏的个性的思考，让这株五针松实现重生。

切除主枝，激活树木本身的魅力

操作日　8月4日
神奈川县相模原市

改造前正面。树高 68 cm，宽幅 84 cm。映入眼帘的是枝梢逐渐向下延伸的悬崖枝，大概是为了打造悬崖式树形而使其长长地伸展。但是枝条缺乏艺术气息，透露着无力感。

在此之前，这株五针松一直以悬崖式树形来展现，长长伸展的悬崖枝正是其特征。但是悬崖枝缺乏趣味，只是一味向下延伸，无法展现细致的模样变化。再将视线转向树干底部的根脚，可以看出此处极具古朴韵味。

这株树最大的看点就在于它的根脚。本着“优先发挥树木本身魅力”的原则，放弃缺乏趣味的悬崖枝，修整树形，将其改造成中品贵风级盆景，充分发挥根脚的魅力，实现树姿的重生。

从右侧面观看根脚。繁杂交缠的树根蕴涵浓郁的古韵，魅力十足。这正是此树最大的看点，也是其与生俱来的优雅。然而现在的姿态却完全没有展现出这一魅力。

新正面。为充分展现根脚的魅力，将稍稍逆时针转动后的背面设定为新的正面。

正面悬崖枝切除后。

从背面（旧正面）观看。切除悬崖枝后，检查枝条的着生状态。观察枝群内部，发现悬崖枝根处直立生长着 2 根粗枝（A 和 B）。对此进行了构思，决定将 A 枝作为新的右下枝来填补空白，B 枝则制作成树冠。

改造前构思确定树形

对树姿进行大幅改造时，事先需要确认想象中的树姿是否能够成为现实。

在处理这株树时，如何填补剪掉悬崖枝而留出的巨大空白是个大问题。观察其枝群内部后发现尽管存在可替换枝，但是如何将其恰到好处地下拉呢？通过计算枝的粗度、挪动的角度和距离等，并判断是否能实现预期设想后，再切除悬崖枝。

悬崖枝切除后的右侧面。悬崖枝的根部保留，雕琢成爪形舍利，作为观赏的重点。

为实现先前的构思，A、B 两枝上都缠绕了草绳，并进行金属丝蟠扎。之后，分两个阶段对枝进行移动。

右下枝的布局构思

使用整枝器将 A 枝大幅下压，并利用金属丝，借助爪形舍利将其固定。

树冠的布局构思

将原本直立的 B 枝大幅下压，挪动到构想的预定位置。

悬崖枝切除后的右侧面。

金属丝整姿带来的树姿变化

A 枝下拉后（右侧面）。A 枝大幅下拉后，填补了悬崖枝剪掉后留下来的空白。

树冠整姿后（右侧面）。修整树冠，打造新树形的骨架。从下枝开始逐一对每根枝条进行金属丝整姿。

从上面看整姿前的 A 枝。爪形舍利位于 A 枝下方正中央。

从上面看整姿后的右下枝。将上方的枝条逐一向下拉拽，形成针叶密度均匀的枝棚。

剪掉悬崖枝后，针叶整体数量减半，因此要尽可能使用剩下的枝群，同时通过金属丝整姿来缩小树的尺寸，以此突显根部的魅力。将 A、B 粗枝大幅度下压后，从下至上，依次进行整姿。

右下枝（A 枝）。正面整姿前。用金属丝将枝条进行了大致的分配布局。不过由于枝条的方向不统一，需要进行微调整。

右下枝。（A 枝）正面整姿后。枝条逐一下拉后，将枝棚作为一个整体来考虑。

树冠部（B 枝）。背面整姿前。仅将 B 枝大幅下拉后的样子。

树冠部（B 枝）。背面整姿后。以柔和的球形轮廓来修整树冠，为了更加突显根的艺术感，尽可能地使树冠低于根部造型。理想状态是将树冠再往下拉一段（2 ~ 3 cm），但是目前的状态已经到达树的极限。

整姿、移栽后。树高 26 cm，宽幅 48 cm。通过切除悬崖枝，缩小树的尺寸，将潜藏着的根部的魅力充分展现了出来。配合着整姿、移栽至合适的盆钵，一株露根式盆景呈现在大众的眼前。

背面（旧正面）。整姿后。

这株树最具特色的部位就是底部的树根。改造前由于受到长长的悬崖枝的影响，根部未能发挥其魅力，改造后盆景得到重生，成为值得一看的根部极具魅力的中品盆景。

对于切除主枝这一决定，相信有很多人会感到犹豫。但是此次改造的出发点是“优先发挥树木本身的魅力”，而这株树的魅力就在于树根。根据判断，发挥根部魅力最好的办法就是切除主枝。做出这一改造是有目的和理由的，即使是对其他树而言，如果首先考虑“发挥树的魅力”，就不要受当前树姿的束缚，要灵活构思新树姿。此外，需要再次强调的是，一旦决定要进行改造，一定要事先设想一下构思的树形能否成为现实。

紧缩散漫的树姿，将附石盆景改造成三干连根式盆景

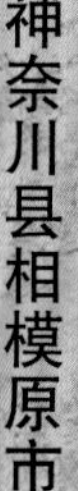

改造前正面。树高 62 cm。宽幅 65 cm。鞍马石盆。这件作品虽然看似已经成形，但是总给人一种散漫且平庸的印象。操作者指出，其最大的原因在于它那长而大的右下枝。

改造前右侧面。右下枝不仅长，而且大幅度向前后延伸，这是导致其与主干不协调的重要原因。

右下枝切断后正面。操作者本来打算从枝根处开始切断右下枝，但是考虑到切断后会出现的新问题，以及对树木造成的负担，暂时保留了枝根，在离枝根一定距离处切除了此枝。树姿没有太大的改变，枝群数量稍微有所减少。

斜干的半悬崖式树姿与鞍马石相得益彰，主干上的舍利干颇有韵味。尽管各部分都有看点，但是从整体看，盆景的主体个性模糊。

究其原因主要在于长且大、散漫延伸的下枝。操作者指出，这根下枝虽有舍利的模样，但是其足以与主干上的树冠匹敌的尺寸，扰乱了主干与支干之间的平衡性，从而导致焦点部位无法界定。此处延伸出的蛙腿枝，可以说是整株树最大的败笔。

操作者即使将这根下枝从枝根处切断也完全合理。但是下枝切除后，右下方空间留白，缺乏魅力的树干模样和针叶稀少的树冠部分会更加突出，可能会变成一株毫无观赏价值的树。因此，操作者决定保留一部分针叶，在离枝根一定距离处进行切除。

整理下枝及树冠部，制作出模样木轮廓

右下枝的整姿

①为了将右下枝往上拉拽，先缠绕上草绳。

②将枝条托起，让下枝朝主干方向大幅倾斜。

③整理枝棚，让其向右偏。

树冠部的整姿

①树整体向右偏，对反方向伸展的树冠部进行修正。

②以整姿完的下枝为基准，整理枝棚。

③为了表现出老树的魅力，将树冠轮廓打理成弧形、枝棚打理出层次。

虽然将右下枝剪短了一半，但是剩下的枝群仍像悬崖枝一般向下方延伸，和之前相比并没有什么变化。

右下枝切断后，剩下的部分被大幅上拉，紧挨着主干。其目的是为了填补主干与支干间的空白，以及打造完整的盆景轮廓。配合整体向右的树形，将向左侧倾斜的树冠部分稍稍向右修正。这样就形成了双干风吹式的模样木。

枝群布局得匀称协调，右下枝上提后，蛙腿枝稍有改善，但是……

右下枝粗整姿后。树枝大幅度上提，填补了与主干之间的空白。

确定大概的轮廓，在准备塑形的枝条上绑上金属丝进行牵引整姿。

整姿后的树姿。

消除蛙腿枝的秘诀——将树从鞍马石移栽到盆钵中

通过修正右下枝，解决了主干与右下枝之间的不协调以及空间留白的问题，但是蛙腿枝的问题还没有解决。操作者觉得通过整枝改造达不到很好的效果，于是把眼光放在了主干根部左侧的空白处。目前的造型中鞍马石突起的部分遮挡了这片空白，若不加以改造，这株树将只能搭配这一类的盆钵，别无他选。

操作者选择的修正方法是将右下枝向下延伸的一截埋进土里，把蛙腿枝整形成侧枝，这样一来，右下枝杂乱的形态得以改善，整体更加和谐。

操作者还观察到主干左侧的根脚处露出了数根粗根，且大多处于没有活力的状态。操作者利用金属丝拉高这些粗根，并将其剥皮后加工成神枝，看起来宛如早就存在一般，同时也填补了左下方不自然的空白。

将五针松从船形的鞍马石中移出，选择适合新树形的容器进行移栽，但是移栽到新容器后，又出现了新的需要修正的地方。

根脚的粗根改造成神枝

①根脚的左侧有数根粗根裸露，而且此处几乎没有小根生长，可以很容易从土里取出粗根。

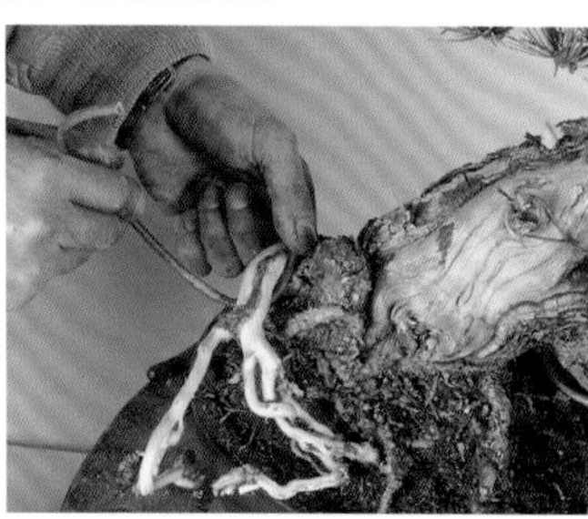

②将粗根剥皮，制作成神枝。

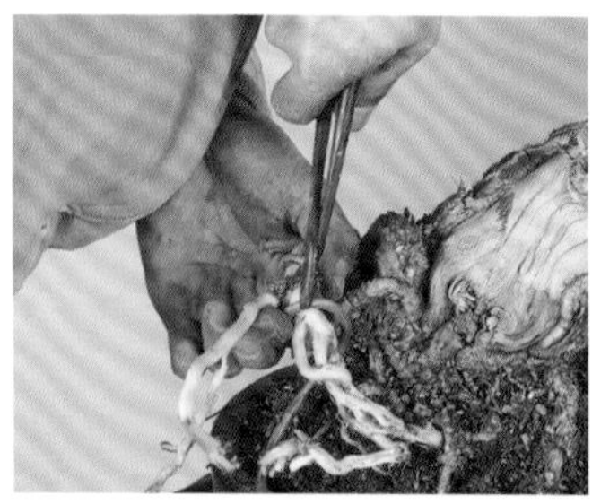

③给神枝绑上金属丝，将其向上牵引。

根脚左侧的树根剥皮后的样子。

将神枝向上牵引靠近树干。看起来像剥皮后的支干。

在此改造实例中，我们应该学习的知识点是“将树的问题明确化”。作为盆树总感觉哪里不协调，总觉得缺少些什么……如果察觉不到这些状况，盆树可能就失去了意义，这种情况不在少数。当我们学会发现树木存在的问题，以及其独有的特性，今后便可以制订属于自己的树木整姿计划。

除此之外，不要忘记：转变思想，从根本上解决树木存在的问题。对于这株树，即便只进行金属丝整姿，也能得到一盆被认可的盆景造型，但像蛙腿枝这种可能伴随树木终生的缺陷，也不能放任不管，应该通过修正，从根本上解决问题。不难想象若是改造方向错误，这株树可能变成一株废树，不过幸运的是最终不光解决了缺陷问题，还改造成了经典的三干连根式盆景。

移栽后。右侧面。

移栽后正面。树高 41 cm，宽幅 51 cm。改造前存在的问题全部得到了解决，还给单薄的树干增添了古朴感，树格提高，变身为经典的三干连根式盆景。

折叠皲裂的树干，打造出极具凝缩感的中品盆景

操作日 8月28—29日
兵库县姬路市

改造前正面。盆共高 38 cm，宽幅 78 cm。

这株素材树枝较多，但未进行枝棚布局。另外，露出的根也缺乏野趣。

改造前右侧面。轮廓呈扁平状，粗枝朝着后侧大幅延伸。

由于露根部分缺乏野趣，这株五针松作为盆景还有所欠缺，但小枝舒展充分，干（露根部）虽细，但也显露出古雅气息。

大家都会想：如果将这些细干折叠弯曲会怎样呢？但无论多么细的干要拿弯都不是件容易的事。

为了防止树干折断，可以削除其木质部，但此树的木质部（露根部分）正是其值得观赏的部位之一，削除的话可能会降低树格。因此，要解决这一问题，并不是单纯地削除木质部，而是先将露出的细干与木质部分离，再拿弯。

由 3 根细干组成的露根部分。表皮粗糙，中间的一根极具年代感。但正是这根已木质化的干成为拿弯树干操作中最大的阻碍。

在拿弯树干前，判断得出背面大幅延伸的粗枝是多余的。但是，在拿弯树干后，还需要对树根附近的树枝进行修整。

弯曲树干前的准备

①用修枝剪将露出的树干与木质部分离。

②拿弯树干时不要用蛮力，弯到中间那根树干裂开即可。

③往反方向将裂开的部分剥离树干。

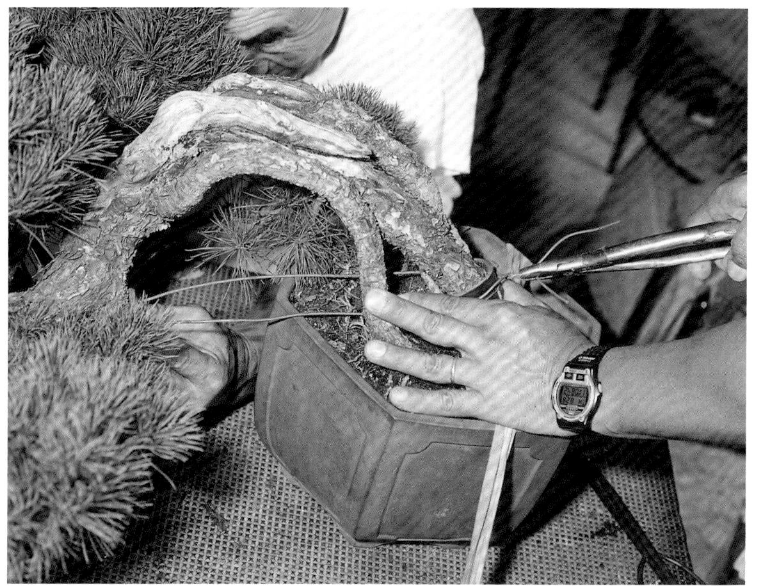

底部牵引树枝的要领是牵引悬崖枝的部分，通常会绑上草绳再进行牵引。这株树的底部分成了 3 根细干，中间一根细干吸水受阻，剩下的两根细干依然能正常生长，这次不缠绕草绳直接进行拿弯。

修整裂口

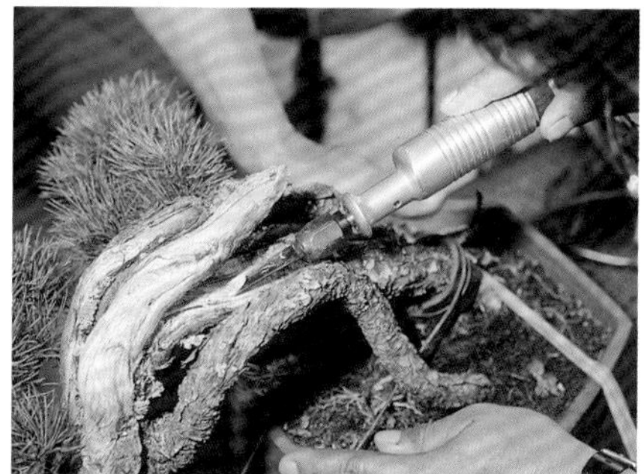

①修整裂口内部。

②修整后。如果你在操作时，树干没有“开口”，可以省略这个步骤。

③右侧面。可以看到吸水线部分被修整成了下凹状，裂开的树干被修整成突起状。

确定主枝，构建枝骨

①从现状来看，相对于收拢的底部，树冠部略微向前倾斜。为了改善这一状况，将树冠部向后拉。

②这株树由于养护得当，无用枝不多，所以很轻松便处理完。操作者手持的这根枝看上去能用作背枝，但由于节间距离过长，将其剪掉。

③粗整姿后新正面。树干拿弯后，模样更加突出。将树略向前倾的位置作为新正面。按照这个构思，确定了树冠部及悬崖枝等部位的大体轮廓。

小枝的造型按照从下往上的顺序来操作。这个原则适用于所有树形。

树形构思确定后，再确定各主枝的枝芯，然后分别对各小枝进行金属丝整姿。

这株树进行金属丝整姿的难点在于：为了配合弯曲的露根部分的艺术感，如何将针叶部分的尺寸凝缩？这个问题原本可通过剪枝实现，但现在却因为无法从枝根处看出树枝走向，只好就此作罢。接下来打算使用现有树枝，打造出极具凝缩感的树姿。

小枝的金属丝整姿需要逐枝进行。细致打理枝棚，合理布局，压小枝、提枝芽，配合整体造型完成树姿整理。

此外，不仅要修整树姿，还要改善树枝内侧的日照及通风环境。摘除前年的老叶、切除枯萎的细枝及无用枝，以促进侧芽及新芽的萌发。

通过金属丝整姿来确定树姿

金属丝整姿后正面。

金属丝整姿后右侧面。

拿弯树干前切除了朝着背面大幅延伸的粗枝，并将余下部位加工成了舍利干。从正面仅能看到小部分的舍利干，增加了树姿整体的险峻感。

缩小针叶轮廓，突显露根部分的艺术魅力

改造前从上方观看。

改造后从上方观看。原本打算将针叶轮廓再缩小一些，但内侧萌芽量少，目前已是最小状态。不过，与改造前相比，针叶轮廓已大幅缩小。

增加险峻感的最后秘诀

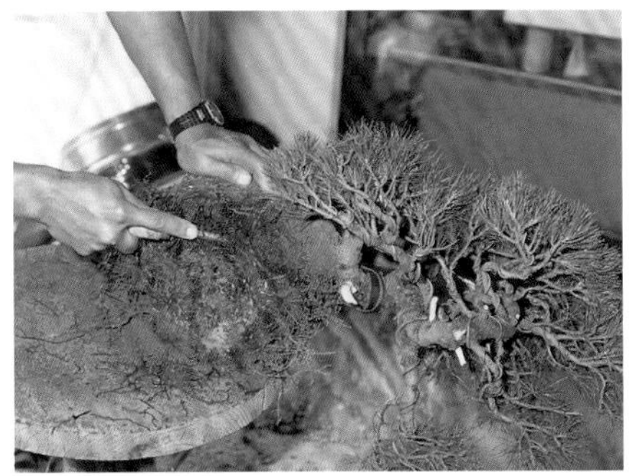

①尽管此树已 4 ~ 5 年未进行移栽，但是树根状态良好。

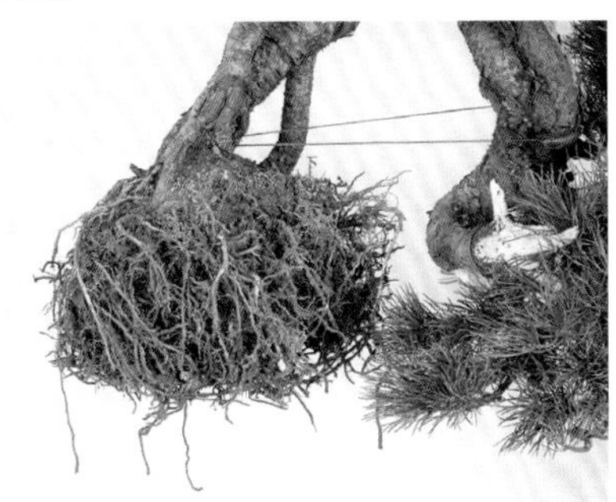

②没有粗根和生长过长的根，将根系处理到这种程度即可。

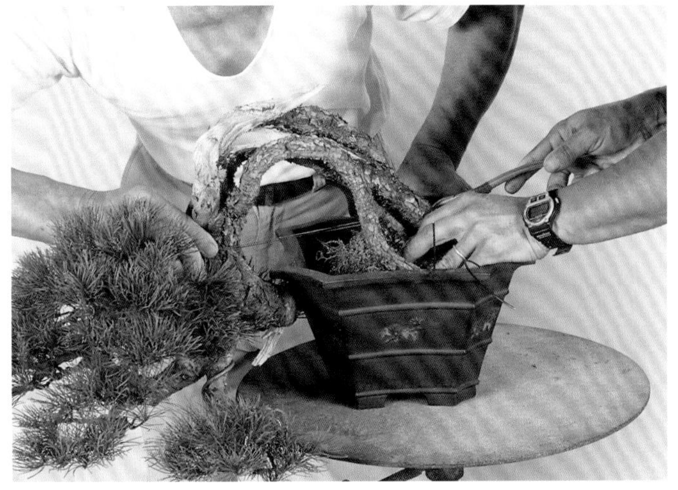

③移栽的同时，将树的底部进一步绞紧，完成最后的造型。选择盆钵时，不仅要考虑盆形，还要配合古朴的树形，显示出年代感。

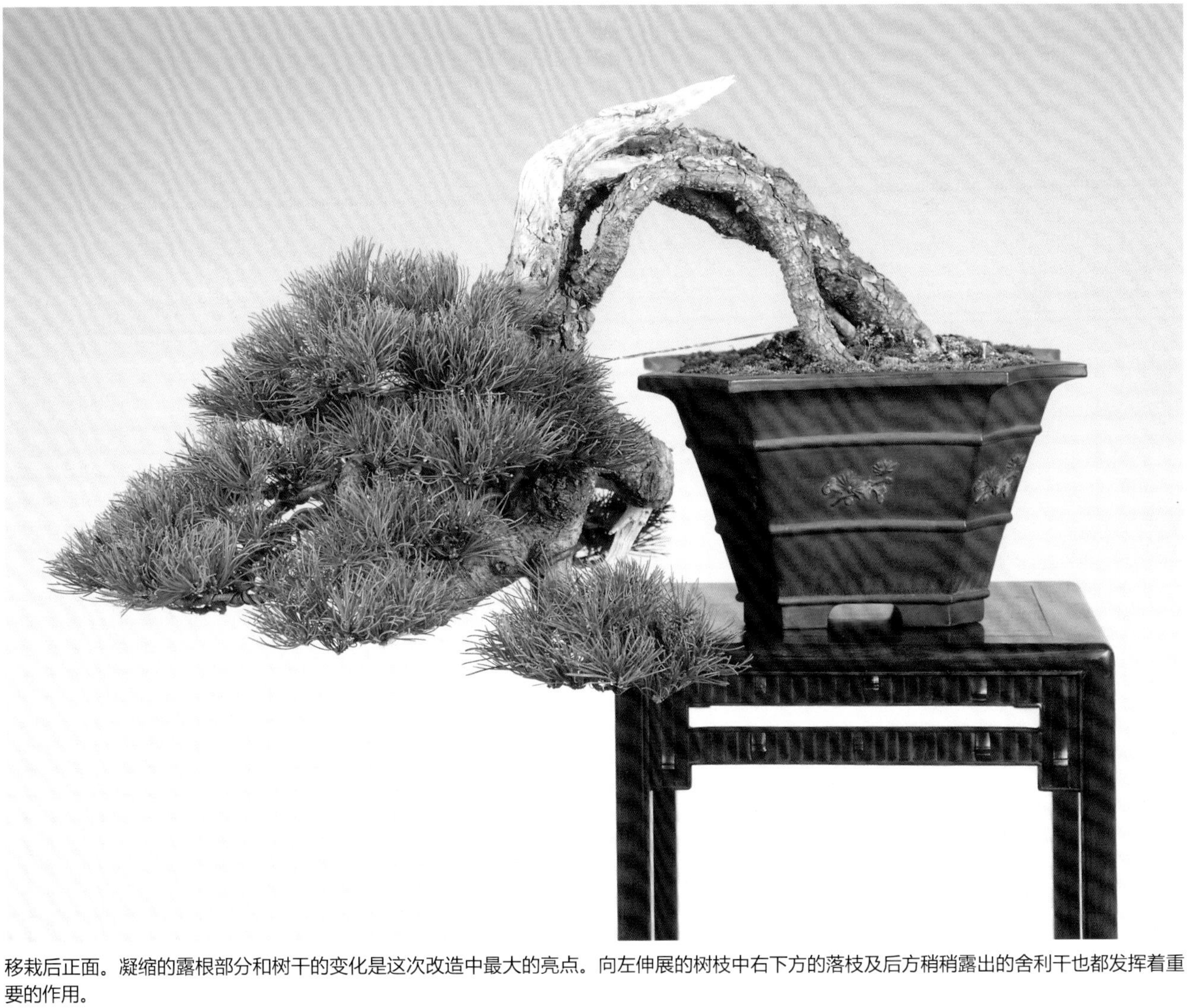

移栽后正面。凝缩的露根部分和树干的变化是这次改造中最大的亮点。向左伸展的树枝中右下方的落枝及后方稍稍露出的舍利干也都发挥着重要的作用。

切断树干上部的瘤状突起，强调树干的模样

操作日　4月30日（拔掉及修剪顶部枝群）
　　　　9月10日（雕刻及整姿）
　　　　次年3月18日（移栽）
兵库县姬路市

①改造前正面。树高 47 cm，宽幅 61 cm。

②数年未去除金属丝，持续缠绕的后果就是树干变形，呈一颗颗瘤状突起。

③准备将树干制作成舍利干。保留一定长度的树干后，切除枝叶。

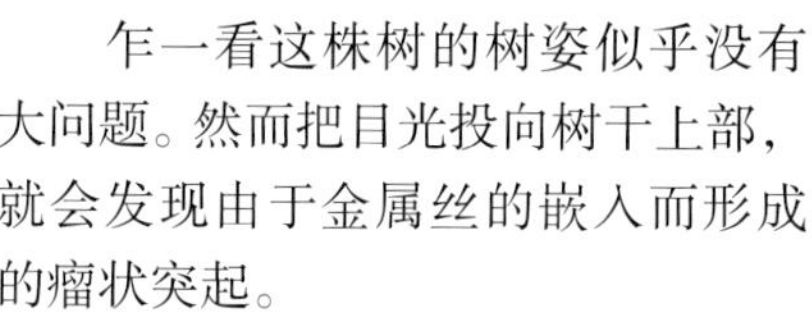

乍一看这株树的树姿似乎没有大问题。然而把目光投向树干上部，就会发现由于金属丝的嵌入而形成的瘤状突起。

增粗树干可以使勒痕没那么明显，但瘤状部位也会比其他部位增粗得更快，破坏树形的平衡感。

幸运的是瘤状突起部分位于树干的上部，从突起部位切除上部树干是最佳选择。并且不单单是切除，还要将其改造成舍利干，实现升华。

④切除上部的枝群后。

⑤用钳子揉搓树枝，使树皮松散，再将树皮剥除。

⑥剥皮后。就树整体的协调性而言，舍利部分过大。且剥皮后依然能看见金属丝嵌入枝条后的勒痕。

⑦舍利部分雕刻完成。剥皮后约半年，考虑到树整体的平衡，对舍利部分进行细微雕刻，将其改小。这样一来，瘤状突起的问题基本解决。

由树干模样中探索新的树冠位置

瘤状的顶部改造成舍利干后，树干整体模样非常流畅。

为了进一步强调树干的模样，同时解决由切除顶部带来的树干不平衡问题，重新确定新的树冠部非常重要。观察树干走势后发现，底部由右向左有一个大角度弯折，然后蜿蜒延伸至顶部切断部位。顶部略向左偏，需要将其向右拉，并将切断部位左边的树枝作为新的树冠部。

右下枝的整姿过程

①改造前从上方观看。呈放射状生长的右下枝，节间距离稍长。

②剪枝后从上方观看。（操作日：4 月 30 日）

③整姿后从上方观看。剪枝 4 个月后，枝叶生长茂密。这时新叶也已成形，可用金属丝进行整姿。（操作日：同年 9 月 10 日）

金属丝整姿前，放松枝群

不仅是五针松，所有树在进行金属丝整姿前，首先对要拿弯的枝条进行“松骨”，这样会更容易拿弯。如果直接缠绕金属丝，使用蛮力，枝条可能会折断，需要留意。

①朝着要拿弯的方向慢慢施力，对枝条进行“松骨”。

②“松骨”后再绑上金属丝，更容易拿弯。

整姿结束后正面。

①沿着树的根系，用镰刀松动盆土，将树拔出。

②用耙子从侧面疏松旧土。

③剥落侧面的旧土，然后再剥落底面的旧土。

④仔细剔除根盘附近的旧土。

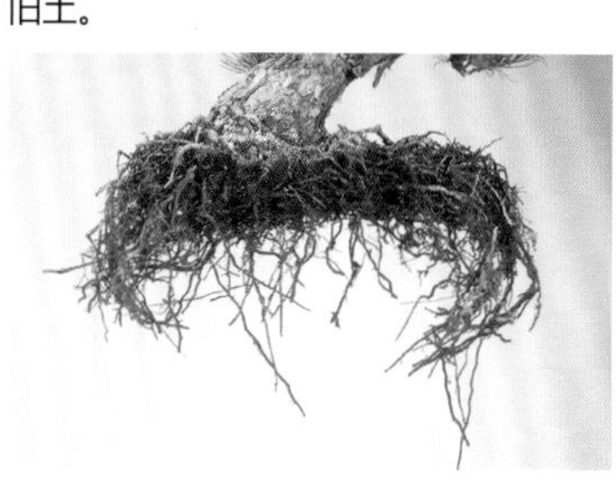

⑤根处理结束。旧土被全部除去。

改变栽植角度，引导树干走势

移栽的同时改变了栽植角度，树干模样富有变化，趣味升级。

此次改造的出发点是为了切除瘤状部位。改造后树格得以提高，重要因素在于以下两点：一是底部略微右倾，发挥主枝作用；二是切除原来瘤状突起的顶部，将左侧部分作为新树冠。

如果树木存在致命性的问题，无论再怎么培育都无法提高树格，那么要先解决缺陷及问题，然后再摸索新的树姿和构思。这是让树重焕新生的方法，也是最佳策略。

移栽后正面。树高 37 cm，宽幅 55 cm。突出了原本被隐藏着的树干模样。

利用残枝，探索盆树新的可能性

操作日 12月5日
栃木县那须盐原市

改造前旧正面。树高45 cm，宽幅60 cm。树芯干枯，只剩下右侧的下枝。这根残留下来的枝条也缺乏灵动，实在算不上是株充满野趣的树。唯一的魅力在于古雅沉稳的树皮，可基于此进行改造。

从这个方向来看，极具古朴感、粗壮稳重的树干的魅力一览无遗。

将旧正面稍稍逆时针转动，把最能体现树干魅力的位置作为新正面。然后对枝条进行改造。从目前状况来看，除了将仅残留的下枝作成新树芯外别无选择。然而此枝过于粗壮，重新造型难度不小。

这株树由于一些问题仅留有一根枝条，树芯也已干枯。尽管树干显露古韵，但仅剩的下枝过于粗壮且乏味无趣，无法成为观赏盆景。不过，极具古韵的树皮表现出无可替代的魅力，若不加以利用，实在可惜。因此以发挥“树干的古韵”为出发点，探讨新的树形构思。

选择能最大限度发挥树干古韵的魅力，且底部看起来最为粗壮稳重的角度为新正面。同时，将残留的下枝当作新树芯，制作成向右弯曲的悬崖枝。

曾经的主干仅留下吸水线，早已枯萎而死。为了突出树干的古朴韵味，将其制作成舍利干并进行雕刻。

从残留的枝群中创作出树冠、下枝、后枝

将此树打造成悬崖式树形，还有一些必须要解决的问题：新树芯的枝条模样不足，枝干太粗，而且枝条整体过于向右偏。对力求表现严谨与凝缩感的悬崖式树形而言，树枝呈直线伸展且节间距离过长也是扣分项。因此将枝条朝下方进行牵引，解决了节间过长的问题，塑造成小型树姿。被牵引的 3 根枝条各自有不同的使命，朝前方伸展的 A 枝为落枝，中间的 B 枝作为树冠部分，朝后方伸展的 C 枝作为后枝。

拿弯树干，打造凝缩感树芯

①使树干向底部靠近。

②修剪不需要的枝条。

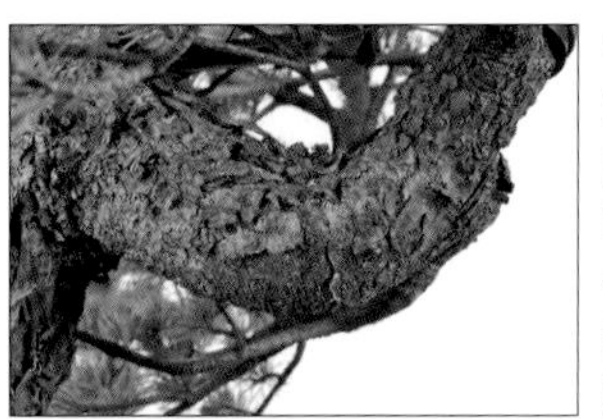
③拿弯树干时出现的裂痕。这种程度的裂痕无大碍，但若继续扩大，不仅会增大树的负担，还可能出现枝条枯萎等情况。

④拿弯树干后，将木片紧贴裂痕部位固定，以免晃动。

修整下枝，修饰单调乏味的树干模样

①整姿前下枝。

▷

②粗造型后。将枝条往底部方向牵引，通过枝棚来遮掩单调的树干模样。

▷

③整姿后下枝。

前后分配枝群，表现立体感

①改造前右侧面。整体分成左、中、右三大枝群。

▷

②下枝群粗造型后。将组成下枝的枝群大幅扩展至前方和后方，考虑整体的空间立体感进行枝群布局。

▷

③整姿后右侧面。

树冠部的整姿过程

①树冠部要尽量向底部树干靠拢。在此枝上缠绕草绳予以保护，再进行牵引整姿。

②改造为树冠的枝条被大幅度朝底部树干方向拉拢。

③粗造型后树冠部。

▷

④金属丝整姿过程中。枝棚的布局大致都已确定好。

▷

⑤整姿后树冠部。

改造后正面。树高 30 cm，宽幅 49 cm。原计划是进一步将枝群整体朝底部树干方向拉拢，塑造成迷你型盆栽，但又考虑到对树木造成的负担，就整姿至此。

缺失主枝的树，仅进行整枝操作来改善树姿的协调性

操作日 12月5日
兵库县姬路市

改造前正面。树高50 cm。由于枝条受损，右二枝干枯，树姿的平衡性被打乱。

此树右边第二根树枝受损，此处出现空白，树姿缺乏平衡感。该枝干枯主要是由于养护不到位。从发黄的针叶也能看出树势衰败，将目光投向内侧会发现许多小枝都已枯萎。

要让这株树重生，有两个方法。一是将树干从中间切断，重新整理上部。但是现在树势明显衰弱，此操作会对树木造成极重的负担，须待树势恢复后，再进行操作。另一个方法是利用其余枝条填补右二枝处的空白。这个方法现在就可以操作。在此实例中，选用第二种方法，力图仅通过整枝操作来改善树姿的协调性。首先从右枝开始操作。

古朴俊秀的树干模样

粗壮的树干勾勒出柔和的曲线，让人感受到其强大的力量。想要展现此处，让古木充分发挥出古朴魅力，实现重生。

右一枝的整姿过程——让后枝被看到

正 面

整姿前。已经用金属丝将右一枝下压，枝条的大致走向没有问题。

剪枝后。为使树干底部看起来清爽利落，切除枝条下方能看到的小枝。

整姿后。枝棚打理完成。需要注意的是：用后枝填补右一枝上部的空白处。

上 面

整姿前。尽管枝条走向没有问题，但是由于养护不到位，细枝很少。

剪枝后。考虑到后续的生长，将长势不好的枝条尽量剪短到细枝的位置。

整姿后。残留的小枝前后分布均匀，枝叶舒展。小枝生长茂密后，可进行再次剪枝。

左枝的整姿过程——与有限的右枝群保持协调

为了与有限的右枝群保持协调，对左枝群进行改造。相比右侧，左侧枝条数量多，但是由于各枝条内侧没有萌发的新枝，所以需要仔细斟酌保留的可用枝后，再进行布局和操作。

正 面

整姿前。比右侧枝条多出很多。考虑到两侧的协调性，需要减少枝条数量。

剪枝、粗造型后。为突出树干模样，切除遮挡树干的枝条。

整姿后。为塑造出细致的枝条模样，尽量将粗枝剪除，利用小枝整理出枝棚轮廓。

左侧面

整姿前。枝叶大幅伸展至正后方。

剪枝、粗造型后。为与右枝群保持协调，修剪枝叶。

整姿后。将枝棚打薄，突出树干的模样和细腻感。此外，为保持与右一枝的立体协调性，将左一枝大幅向前牵引。

树冠部的整姿过程——整枝以彰显古木感

树冠部也是枝条数量多但内侧无新枝的状态。为与下枝保持协调，切除粗枝和枯枝，同时将剩下的枝条下压以表现古朴感。为了看清顶部的树干模样，将前枝切除。

切断树干重新制作

在开头部分也介绍过的切断树干重新制作上部的方法。首先，等待树势恢复，但切断树干不是一次完成，而是循序渐进切除枝头，最终切至左一枝的上方。然后提拉左一枝，将其制作成新的树芯。

整姿前树冠部。

为露出树干，将前枝切除，修剪、下压各枝条。

改造后正面。树高 46 cm。发挥右一枝的作用，用后枝填补右枝上部的空白。同时，整理左枝群和树冠部，树整体轮廓缩小，表现出高耸的感觉。此外，树干的模样突出，改善了整体的平衡感。

附石盆景的脱石新创作

操作日　3月3日和10月7日
静冈县静冈市

错综交织在树皮和石头上的树根极具年代感，简洁质朴的盆钵透露出一丝古韵。然而从目前来看，树形轮廓大而杂乱，树势羸弱。虽然通过整理散乱的树姿可将其改造成附石盆景，不过操作者提出了将盆树独立出石头的树形构想，他认为相对石头而言，盆树过大，破坏了整体协调性。虽然将干枯的左下枝等大幅度切除、缩小轮廓的话也有改善的可能性，但若如此操作，别说是附石盆景，就连石头的魅力也消失了。操作者脱离石头进行造型的新构思，不仅能够灵活展现盆树的苍古感，还可以挖掘出盆树未来的新造型。

树高 65 cm，宽幅 73 cm。操作前正面。

新正面构思。将右侧面大幅度向前倾，从此位置观察树姿，进行新的改造构思。前提是脱离石头，将树作为单独个体进行改造。

构思树干模样的全新可能

从这个位置可以看清树干模样：底部粗壮，分成两根。操作者决定利用两分干的模样构思双干式模样木。

从右侧面观看。树干蜿蜒曲折。将向正面伸展的枝条作为新树芯。

脱离石头的操作

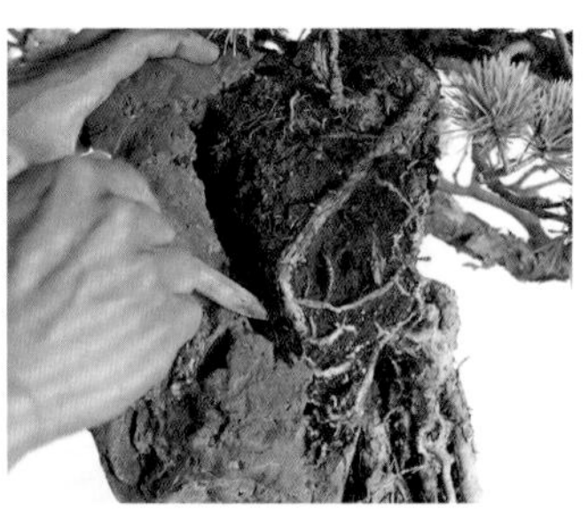

①在石头与根系间插入竹筷，将树与石头分离。操作时要小心，避免损伤根系。

②一边沿着石头拔出小根，一边确认与石头的粘连状况。

③石头被大幅挪动。检查是否仍存在粘连的部分，同时缓慢地挪动石头，将树与石头分离。

除去石头后，原来嵌着石头的部分出现一个大洞。树根部分看似很稳固，但实际上相当脆弱，如果没有支撑的话，很快就会断掉。

根处理操作

①在根系间插入竹筷，将树根一根根分开。

②除去附着于根部的土后，确认根系粘连状况，轻轻将它们分开。

③这是要做成根盘的重要部分，要认真仔细地梳理，直至根脚附近。前端缠绕在一起的小根也要分开。

④确认根部的活力。附着在石头上的根尽管已呈棒状，但不能轻易将其切除。

⑤切除了小根少的粗根。本次移栽仅切除了 3 根树根。

⑥根处理结束。移栽前先确认盆钵是否能容纳根部。

剩下的根尽量全部保留

①尽量不要切除根，小心地将徒长根叠至底部。

②实在无法收纳的粗根可以切除，但在切除前须确认其前端小根的状态。

③根处理后从底面观看。为了填补去除石头后留下的空白，将根系折叠至空白处后向内按压，移栽时尽量保留全部根系。

移栽

①准备用土。选择排水性好的土。

②移栽时要固定好树避免晃动，仅对不够稳固的根加以支撑。

③倒入用土。

④用竹筷将土捣实，确保根系间无间隙。

⑤移栽结束。考虑到给树造成的负担，此次改造到此结束。在确认树势恢复后，再进行上部的整姿。

移栽后半年，进入全树整姿操作阶段

距离去除石头已经过去了大约半年的时间。上次的改造给树造成了很大的负担，但可喜的是树势逐渐恢复。只是操作前就已很衰弱的旧右一枝（现在是后枝）没有发新芽，快要枯死了。不过可以用其他枝条进行填补。于是决定将其切除，切断时保留一定长度，加工成神枝。

从目前树的状态来看，可以进行整姿操作了。

距离上次操作已过去约半年时间。尽管实施了台土全部清除的高强度移栽操作，但树好像并没有出现什么问题。

切除后枝，改造成神枝

①从背面观看。延伸到背面的枝群叶色浅淡。

②枝上无新芽萌发，这样下去枝条很有可能枯死。

③切除这根枝对树形没什么影响，所以将其切除，将剩下部分加工成神枝。

牵引树冠部至后方

①改造前从左侧面观看。枝群整体都朝正面倾斜。

②树冠移动后从左侧面观看。树冠部被大幅度向后牵引。

③树干从左侧面观看。欲将朝正面伸展的树干修正为朝上方伸展。

④移动后的树干，从左侧面观看。

后枝切断后（从正面观看）。

树冠移动后（从正面观看）。

不需要的枝修剪后（从正面观看）。

粗造型结束（从正面观看）。

整姿结束。通过细致的枝棚布局表现出树姿的变化，但总觉得有些不足。

修整右下枝

右枝群整姿后。虽然枝棚布局得很完美，但是表现树木姿态需要这么多树枝吗？

右侧最下枝单调乏味，且与左下枝的高度一致，给人一种平凡庸俗的印象。判断最下枝为无用枝后，将其从根处剪掉。

整姿结束。树高 42 cm，宽幅 72 cm。

正如预期，从树干中间分成的两根干，左侧的化身为树芯，而另一侧则变身为右向伸展的突枝，双干式树形改造完成。关于枝棚的布局，操作者将其改造成了细致的重叠式棚片。左侧勾勒的蜿蜒曲线彰显出跃动感，而右侧刻画出的线条营造出厚重的氛围。附石盆景摇身一变，化作以底部模样为观赏特色的充满个性的模样木。

配合附石五针松树格进行的『换石』操作

操作日 3月13—14日
栃木县那须盐原市

操作前。五针松附石共高 58 cm，宽幅 95 cm。盆钵为南蛮盆。

制作附石盆景的经验

附石盆景注重植物与石头的和谐，能够如实表现自然景观及其险峻之感，属于高创造性的盆景形式。此类盆景需要注意的问题是树逐年生长，枝繁叶茂，但石头依旧如昔，没有任何变化。因此随着时间的推移，树与石头间的失衡也愈发凸显。

这株附石素材约是 40 年前制作的，如今显得平凡庸俗、缺乏魅力。此次改造准备将原来的石头替换成与当前树格及树形相映衬的石头。此次改造的难点在于历经 40 年的根系能不能与新石头紧密贴合。当然要做到这点并非一朝一夕之事，这次的改造尽量使根系与新的石头贴合，再经过数年的生长，使树自身与之慢慢融合。

①从底面剔除旧土，梳理根系。

②剔除侧面旧土，使根系整体显露出来。

去除石头

由于这株素材当年在整姿时没有使用金属丝，这次很轻易地拿掉了石头。通常去除石头的操作是先拆除固定用的金属丝，再将树与石头分离。不过，不管哪种情况，都不是只将石头拿掉这么简单，而是需要先将根土刨掉。由于旧土土质恶化，需要仔细地将土清理干净，如果处理得不够彻底，树根可能无法附着在新石头上。

清除旧土后，根系就会显露出来。彻底清除旧土是后期操作顺利的关键所在。

③脱石完成。与石头相比，树显得硕大无比，感受到 40 年的岁月变化。

①根系明显依附石头的形状生长。

②将根系盖在新的石头上构思方案。

③将根系左右分开，包住石头。

将对根系的损伤降到最低的附石方法

选择的新石头是极具艺术魅力的龙眼石。无论是大小还是风格都丝毫不逊色于盆树。龙眼石之所以经常为人采用，不仅在于它优美的姿态，还在于其凹凸不平的表面能够很好地固定根系。

我们先来看一下操作流程。

1. 构思树形

石头的更换既是改造也是移栽，所以树形构思是非常重要的环节。不但要考虑到周期比通常的移栽长，还要考虑到根系一旦附着在石头上，以后几乎没有改变的余地，因此事前须进行周到详尽的创作构思。尽管根的容纳情况可能有所限制，但是可以寻找好的角度和形状，发挥树的优势。

⑥新选用的龙眼石（高 73 cm）。
大小及艺术感皆无可挑剔。石头所具有的古朴感似乎能够映衬树格。

2. 安装金属丝于石身

在构思阶段，把树放在石头上，以确定需要固定的部位。正如操作实例中所示。

考虑好如何分配根系后，再将金属丝固定在石头上。金属丝除了有固定盆树的作用外，也是为了让根系与石头紧密贴合，多绑一些效果会更好。

④确定好构思后暂时固定盆树。为了保护盆树，包裹上报纸后再用金属丝进行固定。

⑤绑上固定用的金属丝。

固定用金属丝的安装方法

龙眼石的表面。

表面特有的凹凸非常有利于固定。
将穿过金属丝的铅片按压进凹处。

将錾子对准铅片，用锤子敲打錾，将铅片击碎予以固定。

破碎的铅片牢牢地固定住金属丝。
外观及颜色均毫无违和感。

①固定的准备工作完成。

②粗根用黏土覆盖后进行整理，将根部贴近石头。

③为使根系固定牢固，最先从主根部分开始固定。

④结合石头的凹处来分配根系。

3. 固定盆树

在根系生长的地方铺上薄薄的黏土，以方便将根系固定于土内，再紧密缠绕固定用的金属丝。同时为了防止根系受损，与金属丝接触的部分用橡胶片等进行缓冲。高级操作人员在进行固定的同时，还会特别留意根艺的制作。如果粗根能很好地咬合住石头，就可以消除不自然的印象，大大提升观赏价值。

4. 覆盖沼泽黏土

根系牢牢地固定在石头上后，在其上面覆盖黏土。由于根系是盆树的生命线，须将黏土涂抹严实避免留有缝隙等。虽然轻薄少量覆盖黏土会显得美观，但是如果黏土不足会出现根系枯萎等现象，因此必须多加注意。过量的黏土到时候会自然脱落，因此这里覆盖较多的黏土更加适宜。

装饰青苔与杂草

最后，在黏土上覆盖一层青苔和杂草，不仅美观，还可以保湿。同时，由于黏土的覆盖，石头的艺术感被遮掩了，而这些青苔和杂草又打造出了新的艺术感。运用灵感来摆好它们，使盆树呈现出苍古气息。

⑤全部的根覆盖上黏土。

⑥黏土覆盖结束后的全貌。五针松附石共高 74 cm，宽幅 73 cm。钵为南蛮盆。

⑦在收尾阶段先后覆盖上青苔与杂草，营造自然的氛围。

最终姿态。五针松附石共高 67 cm。南蛮盆。

最终姿态和对未来的展望

相比改造前，树的平凡庸俗之气消失，转变为清爽利落之姿。此次改造的重点是保留这株树 40 年所蕴育出的风格。尽管这次改造已经取得了很好的成果，但是今后仍然会产生新的变化。随着时间的推移，盆树继续生长，枝繁叶茂，石头的魅力便会逐渐消失。下半部分暂且不论，上部与石头重叠在一起，略显厚重。

因此，对此树未来的构想如右侧图片所示，去掉顶部，变身为完美的悬崖式树形。当然除此之外，还有很多别的可能性。所以，从某种意义上也可以说此次改造极大地拓展了这株树的可能性。

未来的造型之一（合成图片）。去掉顶部得到的悬崖式树形。

使用苗木创作附石盆景

操作日 8月12日
静冈县静冈市

此次创作中使用的石头。
正面宽度 53 cm，纵深 20 cm，高 20 cm。

关于石头的突发奇想

创作盆景的方法大致分为两种，一种是设想好盆树造型，再寻找素材；另一种则是灵活运用眼前的素材反复斟酌。这次创作的盆景属于复合式造型，总的来说更偏向于后者。

这次使用的素材是一块破碎了的舟形鞍马石，也可用泥钵或素烧钵的碎片来代替。虽说是碎片，但毕竟是大型的材料，作为苗木附石还是相当庞大。改变思路，将其作为盆景的装饰主角，打造一盆壮观的盆景吧。

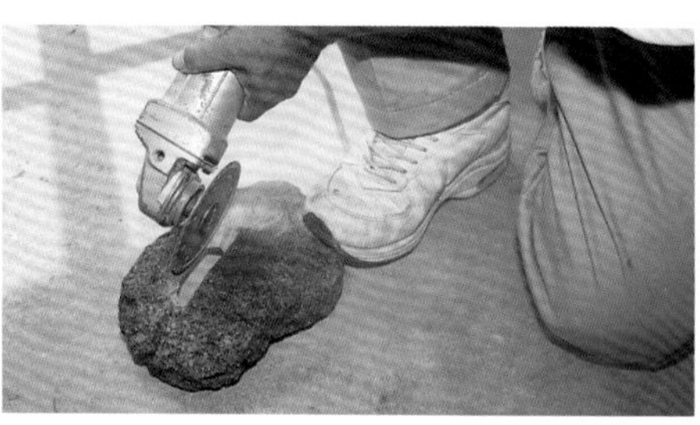
①为了将这块鞍马石横放，用电动切割机在另一块碎片上凿出一条沟，作为支撑点。

②将鞍马石弧形的一端嵌入这条沟中，使石头立起来。

③单靠嵌入不够稳定，用环氧黏土（如绝缘橡皮泥等）进行固定。

④组装完成后。环氧黏土完全硬化需要半天到 1 天的时间。最好在前一天将石头固定好。

素材的选择

栽植的植株才是盆景的主角。这次选用的是悬崖式树形的五针松。右侧图片的 4 盆五针松苗中，右前方的一盆粗度与另外三盆不够协调，此次不予采用。

4 盆约 6 年实生五针松苗。
最大的一盆：树高 12 cm，宽幅 18 cm。

构思盆树的造型

创作构思时，很多时候都是根据以往欣赏过的实景，一边模仿，一边发挥想象。

操作顺序上，这次首先进行了剪枝、整姿操作。这是在选择材料时就已做好整体构思的高手的流程。当然，在实际操作时，也要进行细微的调整。

通常情况下是将植株暂时放置于盆钵中，通过画图等方法来激发灵感。

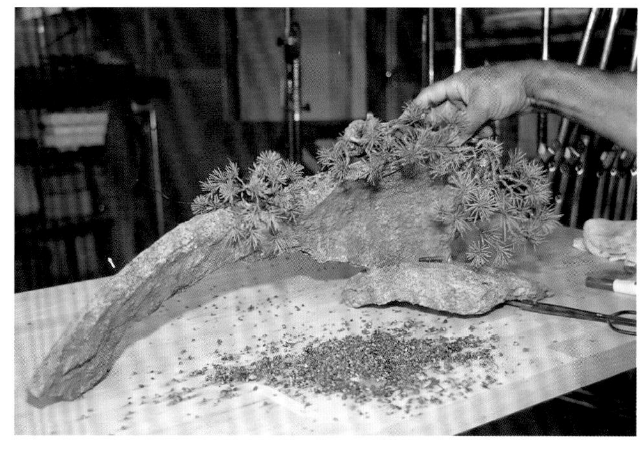

整姿结束后，轻微梳理根部，将植株放置在构思位置。

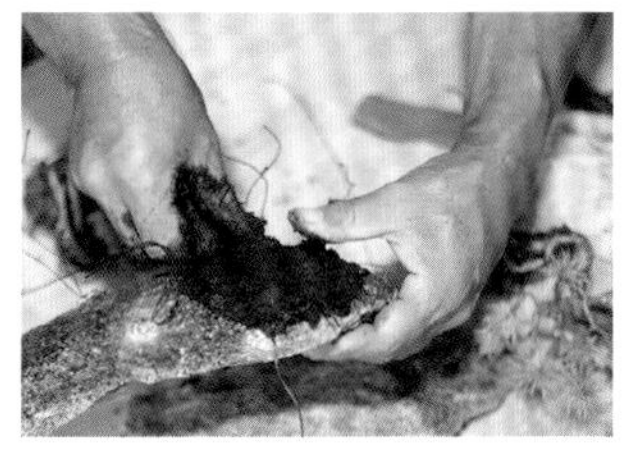

①在预定位置周边涂抹黏土（不添加用土）。先在石头表面喷洒些水，贴合会更加紧密。

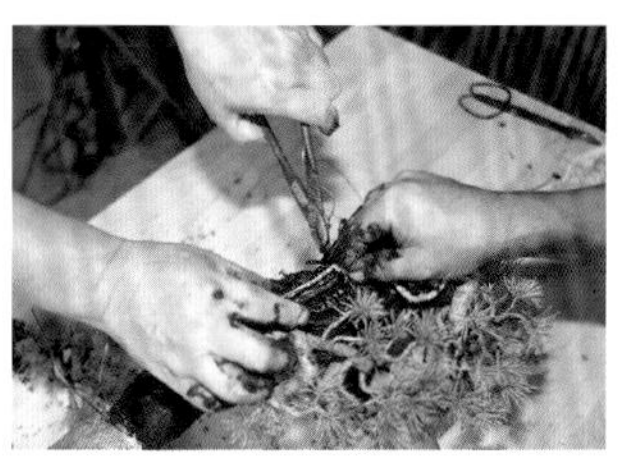

②位置、角度确定后，用金属丝牢牢地固定植株和石头。

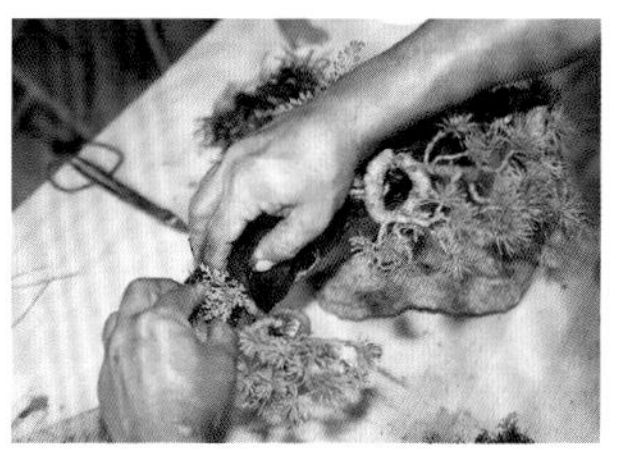

③在根系的上面、间隙、周边涂抹黏土，为使根部显得紧凑，搭配上蕨类植物等。

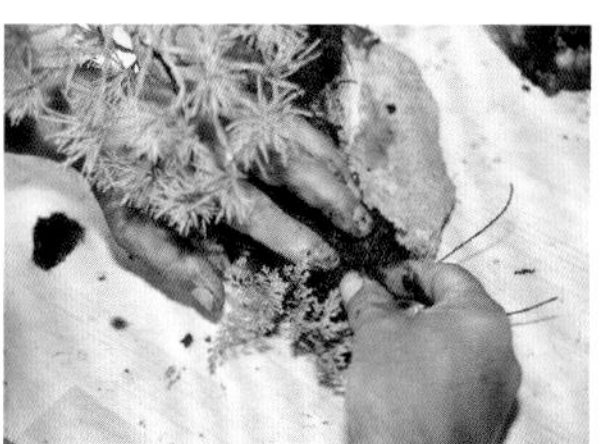

④在支撑的石头上也覆盖蕨类、青苔等，营造水岸边的氛围。

附石盆景的构思

构思确定后，接下来就要将其具体化。

这种类型的创作最难的不是具体操作，而是构思。这次构思的灵感来源于木曾川溪谷。撑着竹筏冲过湍急的水流，后程水流变缓，水面如明镜。悬崖环抱湖水，断崖岩上零零散散生长着松树、红枫和蕨类植物等，夏季翠绿如滴，秋季红叶似火，让筏夫们大饱眼福。

在盆景中，附石和混栽的形式最贴近实景。制作成庭院式盆景会显得庸俗，但是太过于抽象化又难以理解。

这件附石盆景作品是将屏风式的石头比作断崖，牢牢抓住断崖面的特征，彷佛有股迎面而来的魄力。尝试将这种感觉在盆景中表现出来。

3 棵植株种在如悬崖般的石头上，稍微调整一下小枝。造型基本与预想的一致。

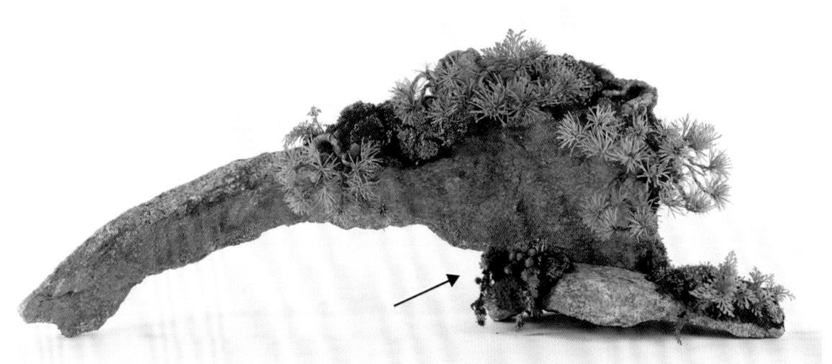

搭配上蕨类及青苔等，阻挡黏土流失的同时，也映衬了景致。虎耳草（箭头）部分挡住了石头接合处。

装饰盆景

装饰盆景的原意是抱着一颗好玩的心。虽说按照做法及注意事项来操作也很重要，但若不跳出固有观念的束缚，盆景就不会有发展潜质，无论是观赏者还是制作者都不会觉得充满趣味。

附石及配植，其本身已经具有一番景致和风趣。这次的作品，以三点装饰等作为主角，但依旧还可以拓展盆景装饰的范围。

装饰后侧面。

装饰后背面。

五针松（附石）。全高 24 cm，
宽幅 61 cm。配件为竹筏。

把巨大的紫檀地板比作水面，铺上象征水流的沙子。荒凉的断崖岩与满眼翠绿的植物相互映衬，这便是自然之景。

小品盆景改造篇

与黑松盆景平分秋色的五针松盆景，其人气即便在小品盆景领域也毫不逊色。小品盆景在不足 20 cm 的小尺寸中，却能表现出大树之相，蕴含的魅力与大树型盆景完全不同。

五针松难以通过压条进行繁殖，想制作有年代感的小品五针松盆景并非易事。除了通过实生繁殖培育出素材外，还可以将较小的中品素材加以改造，重新制作成小品盆景，这也是制作小品盆景的有效方法。

在此，向大家介绍将中品盆景改造成小品盆景的操作实例，以及制作小品盆景过程中的感悟。大家可以学习专家观察素材的方法及凝缩小品盆景的技巧。

从大品到小品的『美之凝缩』

操作日 9月下旬
神奈川县相模原市

操作前。树高 60 cm，宽幅 62 cm。
这株五针松虽是幼树，但表皮已经粗糙，大概移栽到钵中有数十年了。

改造前的中品盆景呈风吹式树形。植株是来自田野的幼树，在田间种植阶段，估计是想将其打造成与众不同的树形吧。根部的艺术感虽然有所欠缺，但是不进行大幅度改动，仍有可能改造成风吹式树形。但是作为中品盆景，它能承受得住此项挑战吗？

找出树的优点和缺点，然后再探寻可能性是改造盆景的基本原则。这株树的根部造型暂且不论，粗糙的树皮与树干模样相当秀逸。操作者以此为基础考虑其将来模样，提出了切断树干、缩小树形轮廓的构思。

露根部分造型华丽，但缺乏艺术感。

从背面观看。最粗的根径有 10 cm，下部的根也有 4 ~ 5 cm 粗。

从下向上观看根部造型。与露根部分相连的树干从最粗的地方突然急转斜上，伸展成突枝状。如何把握这根干是构思的关键。

①毫不犹豫地剪掉突枝和小枝。

从正面略微靠下的地方观察这株树，与露根部分相连的树干，以及前端角度突变、斜向上方生长的突枝映入眼帘。若忽略些许欠缺，将其作为中品盆景来改造仍有看点。但操作者以新的角度构思，将树枝剪除后雕刻成舍利干，将中品盆景改造成小品盆景。

树的下部日照及通风较好，部分枝条长出了侧芽。将突枝及部分小枝剪除，慢慢缩小树形轮廓。

②剪枝后。枝叶的量大概减少到原来的1/10。变化很大，但树干及露根部分更加突出。

③露根部分制作成舍利干。首先只对在正面看到的这根树根进行剥皮处理。

④从上方观看。剩下的根基本都没有活力了，对能做成舍利干的根进行处理。

使用整枝器扯开干和根。

此时这株树仅残留4根枝条。虽然数量很少，但每根都拥有很多侧芽，方便使用。不过从正面观看枝条排成一列，接下来要将它们分配至树干的左右两侧。

虽然小品盆景不需要像模样木那样考虑枝条分布及其匀称度，但改造这样的树形并不简单。无论哪种树形，根部向上的第一个弯曲都很重要。如果树干在靠近根脚处大幅弯曲的话，那么相应地整体都要紧缩。

利用整枝器和金属丝将根部和树干拉紧。并非单纯地进行拿弯，而是在牵引树干的同时考虑各枝条的布局和角度，使树干呈现出凝缩感。

①安装拉紧枝条用的金属丝和保护用橡胶（从背面观看）。

②拉紧后。底部变得紧凑。

③处理舍利干时，为避免残留人工痕迹，使用各种工具进行“割除”“拔掉”等操作。操作时要小心，要将其与活枝部分区分开来。

④确定新的正面。虽然预想是将土壤填至舍利干部位的附近，但舍利干要缩小到哪种程度，残留的细根是否要制作成舍利干，这些需要等移栽后再进行判断。

树枝移动前正面。

树枝移动前右侧面。

①在需要大幅移动的枝条上缠绕草绳和金属丝（侧面只能看见草绳）。这几根枝条虽然没有古树那么坚硬，但大幅移动时，仍须缠绕草绳予以保护。

利用整枝器收紧树干，树干呈现出了凝缩感。接下来对枝条进行整姿。

由于树冠部、下枝、背枝只能由残留的4根树枝来制作，因此要在极短的距离内进行拿弯。用整枝器一点点地拿弯，稍做休息，再继续拿弯。虽然树枝不粗，但以防万一，用草绳缠绕予以保护。

②移动树枝前，剪短妨碍操作的舍利干，同时用金属丝牵引，消除单调乏味感。

③因为要从枝根处进行拿弯，只靠腕力非常艰难，使用整枝器予以辅助。每移动一点勒紧金属丝，接着再牵引。通过反复进行此操作逐步移动树枝。

树枝移动后正面。

树枝移动后右侧面。

④树枝移动后。改造后树干稍微移动了一点，左侧粗根上的舍利干也大幅上移，因此将正面角度进行了些许调整。

小枝整姿后。此次改造结束。

约半年后（4 月上旬）的样子。在此之前刚完成了移栽。

“改造”并不局限于牵引树枝。去除不需要的部分，剪短过长的部分，也都是“改造”。特别是像这种凝缩并展现树木与生俱来的魅力的改造，算得上是表现盆景本质的方法了。

曾经冗长伸展的突枝仅留下一些舍利干的痕迹。使用精简、收拢、凝缩的方式创作出来的这盆盆景，将来极具创造的可能性。

从左侧面观看。移栽后观察根的状态，判断得出将细根制作成舍利干也无大碍。

根处理后，从左侧面观看。对舍利干部分进行了微调整。

操作结束后。树高 18 cm，宽幅 26 cm。拥有宽大的露根部分的风吹式田野树木重生成为充满力量感的小品五针松。培育之后，枝条若能繁茂生长，可作为贵风盆景进行装饰。

小品五针松之古木的再浓缩

爱知县稻泽市

改造前。树高 25 cm，宽幅 37 cm。根部露出土表 4 ~ 5 cm，枝条散乱。尽管有必要将根系收拢，但由于是古木，需要多加留意。值得庆幸的是树枝底部留有侧芽，为促进侧芽生长，将树枝剪短。

枝条剪短后。剪得不多。

第一次改造（3月）

这是一株参加过国风展，富有年代感的经典模样木。由于 5 年没有对其进行养护，树根露出土表，枝条散乱生长，因日照、通风不佳，侧芽也开始变弱。

为了使这株树重返良好状态，必须要移栽、剪短枝条、保护侧芽及恢复树势。不过，不需要的枝和根的数量相当繁多。幼树尚且还好，但是要对这样的古木进行如此高强度的操作，可能会使树势愈发衰弱。

进行改造时，要抱有长远的眼光。第一次改造中，仅剪短枝头一节，以及处理底部的根。如果盆钵太大，底根会伸展过长，无法保持树形，所以仅需换一个稍大的盆钵即可。

①根梳理前，根系紧密缠绕。虽然想一次性梳理完毕，但考虑到树的恢复能力，暂时先进行保守处理。

②根梳理后。上根及横根几乎未做处理，只梳理了底根。

①从下方观看右一枝，剪短前的样子。

②从下方观看右一枝，剪短后的样子。只剪短了枝头的一节。

①根系梳理前底根的样子。所有根都纠缠在一起。

②根系梳理后底根的样子。

第一次改造结束。盆钵仅比原来的稍微大了一点。用土选用粗大颗粒的土壤，避免过于潮湿。

第二次改造（第二年4月）

第一次改造后1年，树势恢复得相当好。保守的操作与略大的盆钵似乎发挥了作用。尤其是将枝头剪短后，侧芽得到了充分地生长。

这次对长势强的枝条进行修剪，并进行粗略整姿，逐步修整散乱的部分。

简单整姿后的样子。

上次的改造使侧芽焕发了活力，所以这次才会剪掉如此多的枝叶。

第三次改造（第三年3月）

本以为树势恢复至少需要3年时间，但从芽的生长势头判断，2年后树势已充分恢复。牢固生长的根部出现了白色的菌丝，状态良好。

这次将较大的盆钵换回原来的尺寸，即再次移栽到与原来的盆钵尺寸相当的盆钵中。根系梳理也比上次的强度大，且对底根进行了彻底的剪短处理。这次对上根也进行了修整。这株树本身并不存在什么问题，移栽后十分完美。

盆钵尺寸缩小后，更加突显树姿。特别是左右两侧针叶伸展的轮廓，会因盆钵尺寸的变化而有所不同，所以大家在树形构思阶段一定要考虑到盆钵的尺寸。接下来进入正式的整姿操作。

又过了1年，树势已经充分恢复。

根处理前。2年的时间，大盆钵的效果已经体现了出来。

根处理后。实施了比上次强度还大的根梳理。这样根部能充分收纳至原来尺寸的盆钵中。

根处理后底根的状态。

根处理前底根的状态。

下面是第一次移栽使用的盆钵，尺寸为21.5 cm×16 cm×6.8 cm，上面是第二次移栽使用的盆钵，尺寸为20.3 cm×14.5 cm×6 cm。原盆钵尺寸为20 cm×15 cm×4 cm（皆按长×宽×高的顺序）。

展示于国风盆景展

第二次移栽后。不仅树势有所增强，还维持了与盆钵尺寸适宜的姿态。

自第一次改造后已经整整 4 年，被选入国风盆景展进行展示。

入选国风盆景展时的姿态。树高 19 cm，宽幅 28 cm。钵为长方形盆。树形轮廓协调，树姿优美。主干底部粗壮，右一枝突显，重新成为一盆珍贵的五针松小品模样木。

放缓节奏的重要性

盆景也有最盛的时期，这一点在小品盆景中表现得尤为显著。为了维持树形，在树姿崩坏后进行改造，改造后又崩坏，如此反复进行修整。所谓的名树都是这么得来的。

然而，现实中也存在树姿崩坏后再也无法修整的情况，令人惋惜。所以不要急于操作，适当放缓步调。这一点对过了最盛时期的老树来说是最重要的。这株树从崩坏状态到重返展台，用了整整 4 年的时间，算是意外顺利了。

由附石盆景改造成的粗干小品盆景

操作日 9月下旬
神奈川县相模原市

改造前。全高 100 cm，宽幅 60 cm。
这株附石盆景感觉像是刚创作不久的，但说不上是件好作品。

这株盆景不具有附石盆景应有的价值，而且使用了廉价的素材。不过改造者将目光投向了中段左侧的五针松。

仔细观察会发现，与整体的高大相比，根脚拥有格外的魄力，露根部分的变化也十分有趣。表皮厚重的粗干，以及匀称度良好且收拢的底部，确实都是难得的魅力之处。

这株盆景另一个魅力之处是拥有极美的叶性。针叶直立，叶芽展开，短小紧致，叶色还稍泛银光。枝芽数多，且未抽长。可以说这株五针松拥有大品盆景的叶性，对小品或贵风盆景来说也是极品。叶性、芽性良好的树木，改造整姿后，亦会显得愈发美丽。

①去除石头，用金属丝将五针松固定在操作架上。植株附着在石头上难以进行操作，但是去除石头，植株又会晃动，无法提高操作效率。事先确定好整姿构思，定好新正面后固定角度。

②疏叶后，在树枝上缠绕草绳，准备整枝。

③在缠好草绳的突枝上缠绕金属丝（8号铜线）。若不下拉这根突枝，整体的姿态无法显现出来，所以这根突枝是树形构思时的重点。

④利用杠杆原理下拉突枝。在较短距离内将其从枝根处下拉，再进行整姿。这一操作若是成功的话，充满魅力的粗干及根脚则会显得愈发突出。

突枝下拉后，从新正面观看。

整体整姿后，从新正面观看。

突枝下拉后，从左侧面观看。

整体整姿后，从左侧面观看。

改造结束后。树高 17 cm，宽幅 25 cm。
据操作者说，他脑海里一开始就浮现出了这个姿态，因此入手了这株高大的附石素材。真是极具慧眼，令人佩服。

改变正面，突出大木感

操作日 9月下旬
静冈县静冈市

这株树姿崩坏的五针松呈半悬崖式树形。底部呈露根状，极具古朴感，但从目前来看，树干笔直，并且底部纤细，树的古韵未充分展现。

操作者尝试着探索新的树形。与正面相比，背面的树皮更为粗糙，好像更能体现古朴感。此外，继续转动可以看到两根重叠的干（根），魄力十足。因此，操作者决定更换正面，创作新树形。

改造前。树高 17 cm，宽幅 35 cm。

从侧面观看。3 根老根平行排列构成树干。每根都呈现很粗的棒状，缺乏艺术感，此处不宜作为正面。

将背面作为新的正面。

剪短伸展至正面的粗枝，突出树干的魅力。

从正上方观看，枝剪短前。

从正上方观看，枝剪短后。

改造结束。树高 15 cm，宽幅 29 cm。通过整姿下压枝条，缩小整体轮廓。与改造前相比，针叶数量减少，更加突出了干的粗壮，树也显得更大了。这就是通过改变正面和缩小树形带来的大木感。

八房篇

叶性良好也是评估五针松的标准，自古以来，盆景制作者便以挑选良好叶性的植株为基础，创作出素材，并加以繁殖。八房能够称得上是把叶性发挥到极致的代名词。

概括地讲，八房拥有非常良好的萌芽力，受到芽数多的影响，大多八房品种具有针叶短小的叶性。与枝条节间容易伸长的普通品种相比，萌芽力良好、针叶短小的八房品种更容易进行整姿，且在短期内就可以打造出能够观赏的姿态，据说在20世纪50年代（昭和30年代）兴起的八房热时期，一些人气品种一芽的价格甚至达到数万日元。

虽然有许多品种在创作出来后又消失不见，但是像‘瑞祥’‘九重’等树性优良的品种，作为盆景树种保留了下来。本篇以八房五针松的代表品种‘瑞祥’为例，向大家介绍其养护管理方法。

八房五针松的历史和展望

因发生实生变化或突然变异等出现的，与同树种的普通品种相比，针叶短小繁茂的品种被称为“八房”。在日本盆景界，人们普遍认为这个词语的使用大概是从1912年（大正初期）开始的，但其当时并没有成为热门话题，五针松等的八房品种真正得到关注是在1912年以后。

在五针松的主要产地，例如福岛县的吾妻山脉、枥木县的那须及盐原，以及爱媛县的石锤山、赤石山这些地方，不断发现发生实生变化或变异而产生的八房品种，其独特的叶性引起人们的关注。在20世纪50年代（昭和30年代），人们发现了百余种八房五针松，从而掀起了包含其他树种在内的“八房热”的潮流。

这股热潮也掺杂有投机倒把的性质，行情异常火热。按照当时的价格，人气品种一芽的价格达到了1万日元以上，甚至还有高达10万日元的情况。获得优良的母株就好比入手了一座宝山，可尝试嫁接、扦插、实生等各种繁殖方法，根据不同的品种采取适合的方法进行大量繁殖。在发现那须产的五针松可通过实生变化获取八房母株时，还出现了种子行情暴涨的情况。

这股热潮持续了将近10年的时间，在20世纪60年代（昭和40年代）末渐渐衰退。现在所有称为八房的品种，以及通过整姿得到的八房在内，不过十余种。另一方面，受八房热潮的影响，‘瑞祥’已超越五针松范围，被作为独立品种开始进行独立的树形整姿。除此之外，‘九重’及‘那须娘’这些人气品种多被作为盆景，至今仍受到喜爱，广为栽培；易打理成迷你型盆景及小品盆景等的极矮性品种也逐渐受到人们的关注。

目前日本应该还留有许多热潮时期繁殖出来的素材。希望大家能够根据品种的特性创造出适合的树形或造型，以加深对各个品种的理解，通过不断扩展相关知识，重新发现树木的魅力和特性，进一步享受树木整姿过程。

‘瑞祥’　树高 60 cm

众多八房品种中最有名、最容易入手的素材，也是因其令人惊叹的生长速度被唤作“梦之树种”的一大人气品种。由于其魅力多变，甚至还有专门的爱好团体和专门为此品种举办的展会。后文将以‘瑞祥’作为八房代表品种来详细介绍。

‘九重’　树高 57 cm

与‘瑞祥’并驾齐驱的有名品种，据称是由那须山系五针松发生实生变化产生的细叶短叶品种。与‘瑞祥’相比，‘九重’的萌芽力更好，在伸展的新叶间也萌发有大量的不定芽。但若枝条生长势头过强整体很容易变得粗犷，所以应尽早进行摘芽与剪枝。

‘明星’　树高 30 cm

从石化的枝条中培育出的八房品种。针叶粗短有力。按照一般的养护方法枝条很容易增粗，而干却难以变粗。及早进行剪枝，缩短节间距离是养护的关键所在。

‘那须娘’　树高 40 cm
具有那须山系的八房特性。不需要进行金属丝整姿，针叶青翠欲滴，节间距离短，犹如一个个美丽的小球。但是，如果枝头不塑形的话，树枝生长茂密，就会形成团状。所以为了维持枝群的轮廓，有必要进行小幅度的修剪。

‘福娘’　树高 5 cm
极小型矮性品种。图片左侧是 35 年生苗，右侧是 20 年生苗。由于针叶极短，剪枝也须非常细致。可从压条繁殖中获得，可以制作成各式各样的树形，深受迷你及小品盆景的爱好者喜爱。

‘八纺’　树高 19 cm
藏王系银性八房品种。针叶粗短且略微扭曲。树干难以增粗，因而具有制作成迷你及小品盆景的潜质。

‘玉翠’
那须系的八房品种。与‘九重’相似的艳丽叶色是其特征。萌芽力良好，剪枝也须非常细致。

‘宫岛’　树高 75 cm
银性八房的古老品种。针叶柔韧，中间能看到一根银丝，拥有十分优雅的叶性。枝条几乎不散乱，能维持良好的树形。

‘岩崎八房’　树高 63 cm，宽幅 93 cm
这件作品是已故的盆景大师岩崎大藏先生的作品。是通过石锤山系五针松发生实生变化获取的，再经过精心呵护培养、繁殖而命名的作品。上方图片从左到右依次是石锤山系五针松、‘瑞祥’、‘岩崎八房 1 号’、‘岩崎八房 2 号’的针叶。‘岩崎八房 1 号’的针叶尤其纤细、叶性也很强。

‘葵’
那须系直立性品种。针叶粗而不扭曲，直立生长是其特征。八房热时期极具人气。

五针松铭鉴

‘春高楼’	‘福娘’	‘光’	‘瑞祥’
四国石锤山系的叶色，乍看似桃山达摩性，是能培育成优秀盆景的品种	芽、叶性鲜明，适合制作枝接附石盆景的八房代表品种	叶芽粗、呈绿色，可以培育成金字塔树形的特殊品种	八房五针松界的代表品种。叶性、树形良好，容易培养、生根，是大众喜爱的高级品种

‘玉妆姬’	‘菊水’	‘左大臣’	‘梦殿’	‘瑞光’
针叶极短，叶色呈鲜艳的绿色。可以通过压条繁殖获得，是多芽性的姬性八房品种	耐寒。芽尖似金平糖，出芽良好，似菊花。是优良的品种	经日本认证的优秀天宫盆景品种。针叶粗，是耐寒的那须系品种	针叶短，浓绿色那须系品种，据说是针叶最粗的品种之一	那须系。针叶短粗，叶色深绿，是适合打理成直立式或球状盆景的高级品种

「瑞宝」	与‘瑞祥’相似的品种，是强健品种‘瑞祥’的姊妹品种	「百万石」	如名称一样，个性独特又典雅的银叶品种	「凤凰」	那须系的八房品种。叶色深青，富有变化，是古老品种	「大文字」	四国系八房品种。从四国采收并改良的品种，针叶粗，发芽良好	「玉冠」	银性叶，针叶短粗。是多芽性树枝的强健品种	「峰松」	盐源系八房。细叶泛黄，是适合压条繁殖的强健品种
「玉华泉」	深绿色，针叶短粗，是‘九重’的姊妹品种	「明光」	盐源系，针叶黄色。发芽密集，一目了然	「仙光」	吾妻系唯一叶性变化的直干性的品种	「十万石」	树形不逊与‘百万石’，叶性、发芽好，是五针松界的代表逸品	「大观」	树势、叶性良好，叶性与‘雪月花’类似，适宜观赏	「思恩」	藏王系。叶性、根部长势好，是强健的品种
「国宝」	枝芽青绿色。是枝芽强健的多叶性品种	「祇园」	似‘瑞光’。叶性良好，针叶未完全展开，适合制作成小品盆景	「龙寿」	耐寒。发芽性好，叶尖泛白，颇为俊俏	「如峰」	盐源系多芽性品种，新芽短小，呈青黑色，发芽良好	「光淋」	福岛产实生品种，看似‘福娘’，适合打理成矮性小品盆景	「五光伯」	四国系银性叶品种。是树性、根部长势好的珍贵品种
「鸣户」	吾妻系八房品种。树性、发芽良好，看似‘瑞祥’	「五棱阁」	枝芽多，呈黄绿色，是最能表现矮性的八房品种	「入舟」	耐寒，叶色浓绿。类似‘左大臣’。是有名的古老品种	「八纺」	八房的原始品种。别名金子。和‘九重’一样，是人气品种	「龙华」	那须系直立性品种。叶色深绿，树干粗，多呈现直干树形	「今代司」	四国系品种，叶色深绿，具有多芽性、直立性，适宜培育
「明星」	如‘星座’一般短，是发芽良好的品种	「吾妻小富士」	日本会津磐梯山有名的八房品种，叶色、叶性十分出色	「福寿」	枝芽类似‘梦殿’，叶极短且粗，芽泛白，是最适宜制作成附石盆景的品种	「林云」	吾妻系八房品种。银性枝芽，是最能体现高原景色的品种	「大宝」	那须系直立性品种。四季针叶深绿，新芽类似‘敷岛’	「芳寿」	青绿色的短叶，出自福岛。多芽性
「龙泉」	那须系，‘龙华’的姊妹品种。树性强健，易培育	「绿峰」	那须系改良品种，四季常绿	「芝娘」	小叶泛白，发芽良好，是‘福寿’的姊妹品种，适于制作附石盆景	「乌云」	叶性、发芽良好，自古受人们喜爱	「荣光」	叶色翠绿，树势、发芽良好，整体呈现圆形	「秀明冠」	那须系。针叶粗短，呈银色，堪称八房中最优秀的品种之一
「玉翠」	叶性、芽尖似‘九重’，强健的优良品种	「优芳」	藏王系。具有石化性，风雅迷人，适合制作成附石盆景	「荣龙」	芽从黄绿色变成深绿色，五针松中的珍贵品种	「福寿美」	由四国石锤山原品种创作出的品种，银性叶，枝芽偏圆形	「右大臣」	那须系的代表品种。叶性、发芽良好	「天之川」	似‘玉华泉’，叶色青绿、针叶粗短的优秀品种
「关山」	深绿枝叶加上古朴的树干，具有老树、大树的风格	「紫峰」	形似‘瑞光’的那须八房品种。针叶短，树势良好	「桃山」	那须性的全盛品种。针叶深绿，有名的品种	「三宝」	耐寒。产自四国石锤山。针叶犹如毛栗子	「秀丽」	针叶极细，姬性，是产自福岛的白芽八房品种	「金阁」	产自关西地区，类似‘九重’，是容易培育的强健改良品种

「敷岛」	那须高原特有品种，叶色淡雅，独特的叶色和优良的枝芽重现关东美景	「雪月花」	犹如满天繁星，又如雪空明月。美丽的叶性加之短叶，是五针松的代表品种，八房中的贵品	「大冠」	大海般的碧绿色。有达摩性，树性强健，又称名王松。是日本东北地区的有名品种	**最新贵品**	
「九重」	八房界代表品种，大众喜爱的知名八房品种	「广乐」	针叶鲜绿，发芽良好，叶短紧凑，因宽相国风展而博得人气的有名品种	「舞鼓」	‘葵’的姊妹品种。深绿色，极美，清爽的树枝姿态与叶性相和谐的有名品种	「王将」	那须纯种的直立性品种。发芽良好，针叶极短且粗，是那须五针松的最高逸品
「葵」	八房界的横纲八房。针叶粗，整体利落，受人喜爱	「奥之松」	藏王系。产自高原。实生八房品种，针叶短，是奥羽山脉最高峰上的品种	「那须娘」	来自那须连峰最高山脉的改良品种，那须五针松界贵品。人气最高	「寸梢」	那须实生品种，适合制作成小型盆景，针叶独具趣味性

以上为 20 世纪 50 年代八房热全盛时期出现的品种铭鉴，2012 年进行了再版。虽然品种的排列及最新贵品等有所差异，但几乎是原封不动地沿袭了以往的版本，是传承历史文化的珍贵资料。由日本那须五针松协会出版发行。

考量「瑞祥」树枝表现的枝制作

操作日　5月28日
埼玉县北足立郡

改造前。树高 65 cm，宽幅 83 cm。基本上已处于完成阶段，接着只需要进行轻度整姿。

‘瑞祥’作为五针松的品种之一，在盆栽界已有 50 ~ 60 年历史。各地通过扦插及压条繁殖获取的素材亦颇具古木感，完全能够体现五针松古木的魄力和树格。

先人们不断培养研究，经过无数次实验确立的‘瑞祥’的风格，至今仍在延续。近年来，许多素材已经无法维持原状了。现在要做的是寻找维持‘瑞祥’古树状态的方法。

扒开前枝观看里面会发现有许多枝条直接从树干长出。

在此介绍专家的剪枝及改造操作，探寻‘瑞祥’新的树枝表现。

改造前的枝构成

利用枝群模型来进行示范。枝群间隔极小，过于紧密。

从上方看，发现小枝几乎都集中在枝梢。枝棚间隔狭窄，阻碍日照及通风，还会导致侧芽衰弱。这种情况下剪枝将变得困难。

改造后的枝构成

仅使用相同的 2 根树枝模拟枝群。

加大枝群间隔，从而改善侧芽的培养条件。各枝梢也有空间可以伸展，使剪枝变得可能，甚至还可以从树枝根部下拉枝条。

剪枝后。

剪掉的枝竟然比整体的 1/3 还多。这样的改造强度对古木而言过于大了。

从左侧面观看。左一枝（手持的枝条）从弯曲处内侧伸展出来，考虑到将来的树形，需要将其剪掉，但这次改造暂时保留。

这株‘瑞祥’的素材是一株树龄很大的古木，其魅力在于底部的感染力。轮廓基本定型，即使进行金属丝整姿，也只需要维持目前状态。但扒开枝群，会发现大量的枝条直接从树干伸展而出。

作为五针松老树，现阶段的枝群数量显得过多。在打造‘瑞祥’的过程中，为了防止枝条增粗，对幼树进行整姿时，可保留较多枝群。但是在这里，枝数众多导致枝与枝之间的空隙变小，甚至还会致使侧芽衰弱。为了维持树形，现在必须要进行剪枝。

剪掉约 1/3 的树枝，对这株既老又大的树而言，强度过大。操作者说："实际上，我想再剪掉一些枝条，但一次性剪得过多会导致整体不和谐，难以塑造树形。"譬如左一枝，从弯曲处的内侧长出，并且现在已经与右一枝同高，呈门闩状。考虑到树形，需要进行处理，剪掉左右任意一枝都可以。但是现在剪掉的话，又没有能够填补空白的枝条，所以这次暂时不做处理。

这次剪枝操作应该可使保留下来的枝群焕发活力，侧芽也会变得茂密充实。枝头可以过段时间再进行修剪，不必急于操作。

改变角度，确定新的正面。底部的魅力不减，但是此面更向右偏，左侧稍显膨胀。

树冠部整姿的技巧

树干直径接近 3 cm，虽然使用金属丝也能进行牵引，但这次操作者使用了铁棒来牵引树干。

利用金属丝进行造型时，一般要用草绳来保护树枝，但是由于看不到草绳内部的样子，弯到何种程度全凭经验。可以一边观察，一边将树枝弯到不出现裂口的极限状态，再利用金属丝进行勒紧固定，这样更加安全可靠。

①从右侧观看树冠部（图片左侧为正面）。使用铁棒配合金属丝进行牵引。

②改造后。树枝被牵引至了预想位置。可以看出树冠部向正面倾斜。

③树冠改造后的新正面。树干走势基本确定。

从枝根开始下拉

①从枝根处上方开始缠绕金属丝。

②尽量在靠近枝根的地方将树枝下压。

③一边观察枝根是否开裂，一边下压。

④不要一次性完成下压，慢慢将树枝下压至预想位置。

枝条制作出起伏感

①上下移动枝条，调整至适宜的角度。

②下压的枝条也要打造出高低起伏的感觉。将枝条中间上扬，枝头下压。

粗造型后，从新正面观看。离改造完成更近了一步。

改造结束。树高 64 cm，宽幅 71 cm。（盆钵为合成图片）

所有的枝条都从枝根处进行了下拉。

‘瑞祥’的魅力是枝干能够很快变粗。近年来，市面上出现了很多粗干素材，这使得控制枝干粗度的操作与管理变得越来越有必要了。

当然，在幼树阶段无须整枝。过早整枝的话，树枝可能会变得更粗。保留一些树枝，到了“已经无须继续增粗”，或“想要进行造型”，又或是“维持阶段”的状态后，就可以进行类似这次的操作。

如果‘瑞祥’能像五针松一样，枝与枝之间能展开间距、枝角度能进行各种调整的话，树形的变化也会更丰富。或许赏玩‘瑞祥’古木的方法正是探寻新的树形表现形式吧。

专　栏

瑞祥的魅力、整姿及养护管理

‘瑞祥’即便在众多的八房品种中，也是特别有名，且广受喜爱的品种。如今它已不作为五针松的变异品种，而是与黑松、五针松、真柏、杜松、虾夷松等齐名的主要盆景树种。‘瑞祥’的人气一直高居不下，1998年（平成10年）由专业工匠及业余爱好者发起的日本‘瑞祥’爱好协会主办了第一届‘瑞祥’展。仅凭一个品种就组成了一个全国性的爱好会，这是前所未有的。

这个品种何以如此引人瞩目？

良好的叶性与旺盛的萌芽能力，强健的树性及快速的生长能力，再加上八房品种特有的容易整姿的性质，将这些特征都集于一身的，那便是‘瑞祥’了。正如被称作“第一代就能出展国风展的梦想树种”，其他树种幼小的扦插芽可能要历经30年风雨才能够塑造成大型盆景。‘瑞祥’作为盆景树种，其生长速度快得令人匪夷所思。

另一方面，繁殖率高也是‘瑞祥’的魅力所在。五针松难以进行压条繁殖，而‘瑞祥’通过压条繁殖则比较容易生根、独立。扦插及嫁接繁殖也都很容易成功，所以‘瑞祥’是十分简单易得的盆景素材。

‘瑞祥’容易繁殖，且生命力旺盛，这使得人们能够亲手将其从苗木打造成名木。‘瑞祥’被称为“梦想树种”的理由也在于此，同时这也是其最大的特征及魅力所在。

以下，向大家介绍一些‘瑞祥’的繁殖方法、幼树整姿及养护管理等方面的知识。

压条繁殖

①使用锋利的刀具剔掉预想生根位置的树皮。

②剥皮的宽度以树干直径的1.5倍为宜。‘瑞祥’很容易产生胼胝体，所以要割得稍微宽一些。

③在剥皮部分的上端，以及残留的形成层切口部位涂抹生根促进剂。这是操作的秘诀所在。

④在剥皮处敷上潮湿的水苔，用塑料袋加以包裹。不要绑得太紧，以方便透水。

低处的枝条很容易长出气生根，这足以证明‘瑞祥’拥有旺盛的生根能力。利用这个能力进行的压条繁殖，与扦插繁殖同样有效。操作适宜期在即将萌芽的3月下旬或者吸水能力旺盛的5—6月。操作方法一般为剥掉预想生根位置的一圈树皮。

操作要点在于剥皮的宽度。‘瑞祥’很容易产生胼胝体，经常会与剥皮部位结合。剥皮的宽度以树干直径的1.5倍为宜，但是操作时还可以稍微割得再宽一点。此外，操作前确保树势良好也非常关键。

操作顺利的话，大约半年枝条就可以生根，再过1～2年就可以切下来进行培育了。

切下来的枝条独立生长2年后长成的树苗。

树势旺盛，萌芽良好，可以开始用金属丝进行整姿操作了。

扦插繁殖

插穗取自树冠部等长势强的部位。也可以使用剪枝时剪去的不要枝作为插穗，这是获得大量素材的方法。操作的适宜期在6月中旬前后，将新梢剪至10 ~ 15 cm后插入插床。

剪断后先控水1 ~ 2小时，临近扦插前浸入水中使其快速吸收水分。“扦插前保持干燥”是准备插穗的过程中最大的要点，可大幅提升插穗的成活率。此外，事先湿润插床有利于操作顺利进行。

扦插后，置于通风良好且确保上午有2小时左右的日照处进行养护管理。之后逐步增加日照时间，顺利发根的话翌年春季即可上盆。

准备工作

插穗选自树冠及枝梢等长势强的部位。剪断后控水1 ~ 2小时是操作的要点。

插床准备5 mm、3 mm、2 mm及粉尘4种颗粒尺寸的用土，从大颗粒开始分4层放入盆钵。

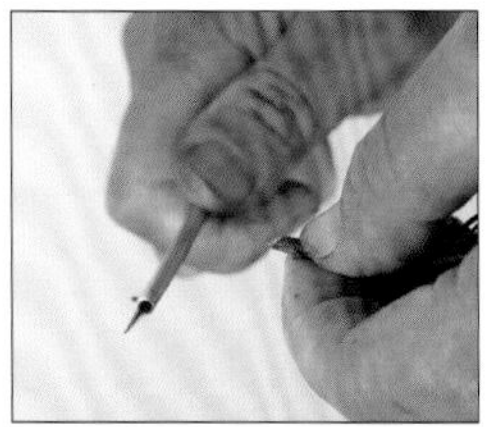

①将插穗底部切成斜面。无须削成楔形。

②将插穗干燥1 ~ 2小时，临近扦插前浸入水中使其吸收水分。

③充分湿润插床，然后一根根地进行扦插。扦插时插穗与土面要垂直，位置间隔要均匀。

上盆后的整姿

扦插4年后的素材。

生长3 ~ 4年的幼树可进行枝条拿弯操作，制作成型丰富的素材。

嫁接繁殖

以五针松的苗木作为砧木的嫁接方法虽然是主流手法，但是与压条繁殖及扦插繁殖相比，似乎很少用于繁殖。常常是在整姿过程中，通过芽接、枝接等操作来改善树形。当然，嫁接对于繁殖而言，也是很有效的，而且新苗可以准确地遗传该品种的特性，可以说是最好的繁殖方法。

嫁接繁殖的操作适宜期在3—4月。和扦插繁殖一样，选取长势强的部位的芽作为接穗。接穗的顶端用锋利的刀具削成楔形，并在砧木上削出切口。将接穗插入砧木切口后，使用塑料绳牢牢固定。操作的要点在于把接穗顶端削成楔形后要立刻插入砧木的切口中，一口气完成操作。

操作完成后置于无风的屋檐下进行养护管理，开始萌芽后取下塑料袋，让其逐步适应环境。

①接穗选自树冠等长势强的部位。要选叶性良好的枝。

②剪掉老叶。为了控制针叶的蒸腾量，对新叶也进行适当的修剪。

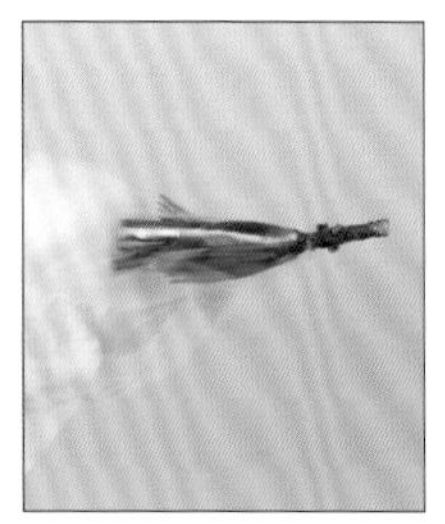

③为防止接穗干燥，将装有浸水脱脂棉的塑料袋覆盖在叶的部分。

④用锋利的刀具在预想的接合部位削出切口。与接穗粗度一致即可。

⑤将接穗的顶端削成楔形后，立即插入砧木的切口中。

⑥插入后为避免接穗晃动，用塑料绳进行固定。速度要快。

①整姿前，树高 65 cm，扦插繁殖 6 年生素材。

②绑上两根铜线，上下左右都要大幅度拿弯。

③整姿后，树高 33 cm。将一根枝条打造成朝左横向伸展的细长枝。树干多次弯曲，等树干长到 5 ~ 6 cm 粗时，可大致看出模样，呈倒钩状。

操作前，树高 60 cm，干径 4.5 cm。嫁接繁殖 10 年生素材。虽然还是株幼树，但考虑到今后的生长，决定对其进行整姿。

极具挑战的‘瑞祥’整姿

在塑造‘瑞祥’盆景时，无论是专业匠人还是业余爱好者多以标准的模样木或直干式树形为主，偶尔也会看到分叉式、双干式、三干式或连根式树形。究其原因，在于‘瑞祥’惊人的粗度。很多素材，明明是想进行大幅度拿弯，结果随着干的增粗，弯折逐渐不明显，甚至消失，变成接近直干的形态。为了防止此类情况的发生，需要打破常规的思维，在其幼树阶段就进行大幅度整姿操作。

参考杜鹃长尺苗的拿弯操作，植株在干径 7 ~ 10 mm 时进行拿弯比较合适。因为干越粗就越不容易拿弯。

譬如上面这株幼树，将树干弯曲至锐角的程度，即使之后树干变粗了，模样消失的概率也会很低，或许能够出现与以往的‘瑞祥’素材不同，让人意想不到的树姿。

整姿后，树高 53 cm。随着植株的生长，树形亦会发生变化。

‘瑞祥’整姿的时机

在‘瑞祥’的整姿过程中有几个要点，其中最重要的一点就是整姿的时机。

若在幼树阶段完成整姿，生长力就会集中在剩余的枝条上，枝条就容易增粗。后来还需要修剪枝头，剪短腋芽、腋枝等。但整姿太晚的话，不管对外侧的芽、枝进行怎样的疏剪，侧芽都很容易有衰弱的趋势。因此，‘瑞祥’的整姿很难在过早与极晚间把握平衡。

一般而言，在早期进行整姿为宜，但是可以保留一些预备枝，过几年再修剪掉预备枝，这种方法较为安全。‘瑞祥’的特征是生长 10 年后，树干开始加速增粗，下枝也容易变粗。因此，标准模样木及直干式树形的‘瑞祥’，“第一枝”的高度比普通品种要高。这也是‘瑞祥’区别于其他品种的特点。

另外，在‘瑞祥’的整姿过程中并非仅仅关注枝干的粗度。尽早整姿完成，专心细致地进行维持与养护，假以时日就会获得充满韵味的树姿。

树冠部和下枝

普通五针松顶部的长势很强，因此在整姿时需要抑制顶部的生长，同时增粗下枝。而‘瑞祥’是下枝容易生长增粗，一般从下枝开始依照顺序往上进行修剪。这是‘瑞祥’与普通五针松最大的差别。但很多人习惯长年不进行修剪，利用制作普通五针松的方法对‘瑞祥’进行操作，这样的话，一旦整姿完成，进入维持阶段，就很有可能会出现下枝生长过粗的情况。

所以，若要使下枝与树干相称，从下枝开始造型更为安全稳妥。为了使整体更加匀称，需要彻底抑制下枝的生长。对枝干容易变粗的‘瑞祥’而言，还需要抑制枝头的生长，让小枝充分生长，这样树干就不会变得过于粗壮。

确定树冠部的树芯。从小枝群中选取适当位置生长出来的纤细小枝作为树芯。

修剪整姿后。用金属丝改变枝条的生长角度，使树芯直立生长。树干整体匀称度不断变好。

先确定第一根树枝，然后剪掉周围不需要的枝。再使用金属丝将其从枝根处下拉。

结合第一根树枝的位置下拉第二根树枝，同时调整前后角度。接下来，按照顺序对上面的枝条进行操作。

车轮枝与门闩枝

‘瑞祥’极易长出门闩枝及车轮枝。这些都是在树木盆景中需要剪掉的枝。但是由于其特性，如果在幼树阶段就将其彻底剪掉，剩下的枝条极易变粗，可能还会不能使用。因此，在早期尽量保留较多的预备枝，待枝条变粗后，再逐渐处理它们比较安全。

此外，与普通品种相比，‘瑞祥’的伤口愈合能力较好，即便是很大的伤口，短期内也能够愈合。与黑松相比，有过之而无不及。为了让大的伤口愈合得美观，可以稍微剜削伤口，待伤口与树干的界线平滑后，用油灰进行填补（铃木佐市先生喜欢使用墨汁）。还可以在伤口上挖出脐状坑，留下木质部，这也是极好的办法。

门闩枝的整姿示例。在幼树阶段，剪掉门闩枝的一侧后，周围树枝间的空隙就会变大，所以经常将两侧都保留下来。

车轮枝。包含背面的枝条，从树干同一点长出了 5 根枝。如果将它们全部剪掉，此处就会显得太空。

先仅剪掉过于靠近（左下方长出）的一根枝。其他枝条作为预备枝保留，等树变粗后慢慢打理。

修剪的秘诀

在‘瑞祥’的整姿过程中，修剪枝头是非常有效的手段。

萌芽力强的‘瑞祥’（特别是幼树），剪掉枝头后很容易抽芽。利用此性质可以通过金属丝整姿制作出高难度的弯曲造型。尽管有时修剪后并不能马上萌芽，但是一两年后一定会发芽。

剪掉枝头也能有效抑制枝条增粗，所以平日要仔细观察，尽早进行修剪。

①突枝中的某根粗枝。这种粗度的枝条不能保留了。

②在枝岐处将粗枝剪掉，用细枝填补此处的空白。

③继续整枝。侧芽由于之前一直都被外围的枝叶遮挡，稍微有点衰弱。

④用金属丝将侧芽下压，使其伸展，以促进萌芽。

造型

将剪枝和整姿统称为造型。一般，随着树木生长阶段的变化，整枝、金属丝牵引，以及后期的追加操作都需要花费大量时间才能完成造型。但是，也有想要将刚入手的新素材一下子整理出树形的情况。

造型包含有改造的要素，同时也需要预测干枝的比例等树木将来的姿态，是一项对技术和感觉均有要求的操作。芽数众多的‘瑞祥’是很适合造型的树种。

造型前。树高 68 cm，宽幅 100 cm。

初造型后。树高 60 cm，宽幅 64 cm。
扦插繁殖 20 年生的造型作品。操作前完全看不出树干的模样，通过造型，可以大概看出完成时的姿态。后续还要对各枝进行整姿操作。

摘芽与芽调整

摘芽适宜期的蜡烛芽。

摘除像这样的蜡烛芽，待针叶张开后再剪芽。对于生长势头过强的蜡烛芽，要从根处将其摘掉。

拥有一定粗度的素材及处于半完成到完成阶段的树木，为了维持其侧芽的生长，从春季的摘芽开始进行一系列的养护工作非常关键。

‘瑞祥’不似普通品种一般进行一次摘芽就够了。首先要摘除长长伸展的蜡烛芽，待针叶张开后再进行芽调整。每次芽抽长时就要重复此操作，同时还要进行疏叶的操作。

尽管在新叶即将张开的 7—8 月可减少以上操作，但在几乎一整年中，只要发现蜡烛芽就要将其摘除。

移栽

①梳理根系。从上根开始处理，去掉大量泥土。

②正式的根处理。去除侧根及底根处的泥土，然后开始剪根。

③根梳理后。若是树势良好的树木，可将根系剪短，保留 1/3 即可。

‘瑞祥’抽芽很早，所以适宜在 3 月中旬至 4 月上旬进行移栽。由于有地域差异，以芽的状态判断为宜（芽稍微泛有光泽后到伸展前的这段时期是适宜期）。移栽周期根据根系的状态来调整。只要透水性良好，即使 4 ~ 5 年移栽一次也没问题。

用土依照普通品种五针松的标准，但根细的‘瑞祥’，增加小颗粒用土的占比会更容易培育。若是需要培肥，可遵循多砂、多肥、多水的原则，若想要少浇水，可多使用赤玉土，以达到良好的保水效果。

如果在幼树阶段处理粗根，成木时细根会长得很严实。相比底根，侧根及上根（尤其是上根）更容易扎根，所以在根处理时要对上根进行彻底的梳理。不注意的话透水性会马上恶化，须多加留意。

着迷于‘瑞祥’并不断对其培育进行深入研究的专业匠人——已故的铃木佐市先生认为夏季适合移栽，树势良好的树木可剪掉 2/3 的根系，并每年都进行移栽。移栽后不需要进行特别的保护，直接放置在太阳下的棚架上，早晚浇水。一开始就要大量浇水，直至棚架变湿。

「瑞祥」的养护管理

■**放置场所**　细叶繁茂密集的‘瑞祥’需要比普通五针松品种更好的通风和日照环境。因此棚架之间、盆钵之间的距离都需要扩宽。

■**浇水**　表土完全干燥后再浇水。幼树（尤其是长势弱的幼树）和压条繁殖后不久的植株应少浇些水。枝数繁多的古木和长势强的幼树应多浇水。每次从顶部开始浇足量的水，让根脚及树枝内侧都能接触到水。

■**施肥**　幼树阶段无须施肥，或者仅施加少量的肥料。待枝叶、树根数量增多，长势旺盛之后，慢慢增加施肥量。以市售的玉肥为例，施加 6 ~ 8 个 10 号盆钵的量为宜。1 个月追加或更换 1 次肥料，如果用土状态（透水性）没有恶化，在 3—10 月的生长期可一直施肥（只在盛夏的 7 月控制施肥）。

■**病虫害防治**　与普通品种的五针松一样，虽然对病虫害的抵抗力很强，但定期进行治理会更加安心。

绿手指日本盆景大师系列

黑松盆景造型实例图解　定价：118.00 元

真柏盆景造型实例图解　定价：118.00 元

五针松盆景造型实例图解　定价：118.00 元

日本各大盆景展获奖作品，展现精致造型艺术！
国宝级大师带你逐步打造赏心悦目的传世佳作！
品味“返璞归真、天人合一”的盆景意境之美！
盆景设计者与大众爱好者不容错过的精神盛宴！

绿手指日本盆景大师系列丛书分别介绍了真柏、黑松、五针松等当代流行盆景树种的造型技术与养护知识，包括盆景造型的制作步骤、技法处理、水肥管理、病虫害防治等，图文并茂地展示了日本当代盆景大师们的代表作品，体现了他们在盆景创作中高超的技巧水平、精妙的设计构思和独特的艺术匠心。

更多园艺好书，关注绿手指园艺家

图书在版编目（CIP）数据

五针松盆景造型实例图解 / (日) 近代出版社主编；武桂名译. — 武汉：湖北科学技术出版社，2021.1

ISBN 978-7-5706-0724-2

Ⅰ. ①五… Ⅱ. ①日… ②武… Ⅲ. ①盆景—观赏园艺—图解 Ⅳ. ①S688.1-64

中国版本图书馆 CIP 数据核字 (2019) 第 132322 号

本书简体中文版专有出版权由近代出版株式会社授予湖北科学技术出版社。
未经出版者预先书面许可，不得以任何形式复制、转载。
湖北省版权局著作权合同登记号：17-2018-308

原书名：作業実例から学ぶ　五葉松盆栽（2014）

五针松盆景造型实例图解
WUZHENSONG PENJING ZAOXING SHILI TUJIE

责任编辑：许　可　张荔菲
封面设计：胡　博
出版发行：湖北科学技术出版社
地　　址：武汉市雄楚大街 268 号（湖北出版文化城 B 座 13—14 层）
邮　　编：430070
电　　话：027-87679468
网　　址：www.hbstp.com.cn
印　　刷：武汉精一佳印刷有限公司
邮　　编：430034
开　　本：889mm × 1194mm　1/16　8.25 印张
版　　次：2021 年 1 月第 1 版
印　　次：2021 年 1 月第 1 次印刷
字　　数：190 千字
定　　价：118.00 元

本书如有印装质量问题　可找本社市场部更换